Cocos Creator 2.x 游戏入门

毛居冬　编著

清华大学出版社
北京

内容简介

本书由国内资深游戏设计师主笔，结合全国多家院校的课程设置，选用官方及业内典型实例编写而成。全书系统地介绍了 Cocos Creator 2.x 引擎的基础知识，涵盖了 Cocos Creator 2.x 所有的核心内容，包括对环境搭建、编辑器基础、场景制作、脚本开发、资源工作流程以及事件、动作、UI、动画、渲染、音效等系统模块的详细讲解，并结合具体项目案例提高学习效率。通过对本书的学习，读者可以全面掌握 Cocos Creator 2.x 在 2D 游戏开发中的开发流程和技术难点，提高自己的实践能力，成为一名优秀的程序员，实现制作游戏的梦想。

图书在版编目（CIP）数据

Cocos Creator 2.x 游戏入门 / 毛居冬编著 . —北京：清华大学出版社，2020.12
　　ISBN 978-7-302-56897-1

　　Ⅰ . ① C… Ⅱ .①毛… Ⅲ .①移动电话机 – 游戏程序 – 程序设计 ②便携式计算机 – 游戏程序 – 程序设计 Ⅳ .① TP317.6

中国版本图书馆 CIP 数据核字（2020）第 226877 号

责任编辑：张彦青
封面设计：李　坤
责任校对：李玉茹
责任印制：宋　林

出版发行：清华大学出版社
　　　　网　　　址：http://www.tup.com.cn，http://www.wqbook.com
　　　　地　　　址：北京清华大学学研大厦 A 座　　　邮　　编：100084
　　　　社 总 机：010-62770175　　　　　　　　　邮　　购：010-62786544
　　　　投稿与读者服务：010-62776969，c-service@tup.tsinghua.edu.cn
　　　　质 量 反 馈：010-62772015，zhiliang@tup.tsinghua.edu.cn
印 装 者：三河市金元印装有限公司
经　　销：全国新华书店
开　　本：185mm×260mm　　　印　　张：21.25　　　字　　数：519 千字
版　　次：2020 年 12 月第 1 版　　　印　　次：2020 年 12 月第 1 次印刷
定　　价：78.00 元

产品编号：084209-01

前　言

　　随着游戏终端设备的快速发展，硬件性能的不断升级，游戏引擎也一直进行着技术创新和快速升级，以适应持续变化的市场需求。

　　Cocos Creator 引擎以内容创作为核心，它简洁小巧、快速直观，包括 Cocos2d-x 引擎的 JavaScript 实现以及更快速开发游戏所需要的各种图形界面工具，是涵盖了从设计、开发、预览、调试到发布整个工作流所需的全功能一体化编辑器，支持发布游戏到 Web、iOS、Android 各类"小游戏"、PC 客户端等平台，真正实现一个平台开发，全平台发布运行。以上种种优势，让它成为目前手机游戏开发的主流引擎之一。

　　近年来，Cocos 不断完善引擎技术，Cocos Creator 2.x 版本在 Cocos2d-x 的基础上实现了彻底脚本化、组件化和数据驱动等特点，对引擎框架进行了全新升级，大幅提升了引擎性能；同时使用 3D 底层渲染器，分隔逻辑层与渲染层，提供了更高级的渲染能力和更丰富的渲染定制空间，为开发者带来前所未有的想象空间，引领开发者进入 2D 游戏创作的全新时代。

　　目前，Cocos 在全世界拥有 140 万的注册开发者，30 万的月活跃开发者，遍布全球超过 203 个国家和地区，使用 Cocos 引擎开发的游戏玩家已覆盖全球，超过 11 亿人，在移动游戏的中国市场份额中占比 45%，2018 年 9 月微信小程序 TOP100 中的 35 款游戏作品，有 51% 是使用 Cocos 引擎进行开发的。

　　本书从游戏开发的实际需求出发，全面系统地介绍了 Cocos Creator 在游戏开发领域的理论基础和实践应用，并根据读者群体不同，采取由浅入深、逐层讲解的思路，不仅适于致力于转型的程序员，也同样适合大中专在校生、社会培训人员阅读。通过对本书的学习，可以帮助读者系统地掌握 Cocos Creator 游戏开发的实用技术，为进入游戏开发的相关岗位打下坚实的基础。

阅读建议

　　由于 Cocos Creator 2.x 游戏引擎的编程语言是基于 JavaScript 的，所以一些基础的

JavaScript 知识是必须知道的。如果读者没有任何编程基础，可以先阅读有关 JavaScript 入门的书籍或者学习本书提供的脚本编程章节，尽可能地对 JavaScript 有一个比较系统的了解。

书中部分章节内容可能较为深入，如果读者一时难以理解，则可以先跳过该内容而阅读后续章节，读完后续章节再回头阅读这部分内容，也许就豁然开朗了。

本书的部分实例提供了素材和源代码，读者在学习的过程中可以参照提供的游戏源代码进行修改并运行，从而加深理解。

本书读者

◆ 零基础的 Cocos Creator 2.x 游戏开发初学者；

◆ Cocos Creator 2.x 自学者；

◆ 系统学习 Cocos Creator 2.x 的程序员；

◆ 巩固和深入理解 Cocos Creator 2.x 基础的程序员；

◆ 开发跨平台手机游戏的人员；

◆ 大中专院校学生和社会培训学员。

本书源代码获取方式

本书提供了部分章节的游戏源代码，方便读者学习，可以通过扫描二维码的方式获取。

本书作者

本书由毛居冬编写。其他参与编写的人员还有王振峰、钟景浩、方维新、王俊文、戴顺林、谭玲娇、张强、王新宇等。作者具有多年业内从业经历，拥有多款完整游戏研发及成功上线的实践经验。但百密难免一疏，若读者在阅读本书时发现任何疏漏，希望能及时反馈给我们，以便及时更正和解决问题。

编　者

目　录

第 3 章　场景制作的工作流程 / 057

第4章 资源的工作流程 / 074

第 5 章　脚本开发的工作流程 / 114

第 9 章　UI 系统 / 222

第 10 章 动画系统 / 260

第 11 章 音乐与音效 / 279

第 1 章　Cocos Creator 基础与开发环境搭建

Cocos 目前在全球拥有 140 万的注册开发者，30 万的月活跃开发者，遍布全球超过 203 个国家和地区，覆盖超过 11 亿玩家设备，采用 Cocos 游戏引擎开发的游戏覆盖市面全品类，在移动游戏中国市场份额中占比 45%，全球市场份额中占比 30%，是一款优秀的开源移动游戏引擎。

Cocos 大事记

2010 年 11 月　Cocos2d-x 诞生。

2011 年 10 月　触控科技天使轮投资成立雅基软件。

2013 年 3 月　发布第一代编辑器 Cocos Studio。

2014 年 4 月　发布 Cocos2d-x v3.0。

2014 年 5 月　发布 AnySDK。

2014 年 9 月　推出 Cocos 品牌。

2016 年 3 月　发布第二代编辑器 Cocos Creator，Cocos Studio 产品终止。

2017 年 9 月　雅基软件拆分，独立运营。

2018 年 8 月　Cocos Creator v2.0 正式发布。

2018 年 8 月　A 轮融资。

2019 年 4 月　Cocos Creator v2.1 新增 3D 场景编辑、摄像机预览和光照系统。

2019 年 10 月　Cocos Creator v2.2 正式发布，大幅提升引擎性能。

本章将带领大家走进 Cocos Creator 的世界，掌握 Cocos Creator 的定位、功能和特色，以及如何快速使用 Cocos Creator 开发包括 iOS、Android、HTML5、PC 客户端和各类 "小游戏" 的跨平台游戏产品。

1.1　认识 Cocos Creator

1.1.1　初识 Cocos Creator

Cocos Creator 是以内容创作为核心，实现了脚本化、组件化和数据驱动的游戏开发工具，具备易于上手的内容生产工作流，以及功能强大的开发者工具套件，可用于实现游戏逻辑和高性能游戏效果，具体有以下特点。

（1）一体化编辑器。 包含了一体化、可扩展的编辑器，简化了资源管理、游戏调试和预览、多平台发布等工作；允许设计师深入参与游戏开发流程，在游戏开发周期中进行快速编辑和迭代；支持 Windows 和 Mac 系统。

（2）2D 和 3D。 同时支持 2D 和 3D 游戏开发，具有可满足各种游戏类型特定需求的功能，并且深度优化了纯 2D 游戏编辑器的使用体验和引擎性能，内建了 Spine、DragonBones、TiledMap、Box2D、Texture Packer 等 2D 开发中间件的支持。

（3）开源引擎。Cocos Creator 的引擎完全开源，并且保留了 Cocos2d-x 高性能、可定制、容易调试、易学习、包体小的优点。

（4）跨平台。Cocos Creator 深度支持各大主流平台，游戏可以快速发布到 Web、iOS、Android、Windows、Mac 等平台，以及各个小游戏平台。在 Web 和小游戏平台上提供了纯 JavaScript 开发的引擎，运行时可获得更好的性能和更小的包体。在其他原生平台上则使用 C++ 实现底层框架，提供更高的运行效率。

（5）JavaScript。可完全使用 JavaScript 来开发游戏，并可在真机上快速预览、调试，对已发布的游戏进行热更新等，同时支持 TypeScript。

（6）高效的工作流程。Cocos Creator 预制件是预配置的游戏对象，可提供高效而灵活的工作流程，让设计师自信地进行创作工作，而无须为犯下耗时的错误担忧。

（7）UI。内置的 UI 系统能够快速、直观地创建用户界面。

（8）自定义工具。可以借助各种所需工具扩展编辑器功能以匹配团队工作流程。创建或添加自定义的插件或在插件商店中找到所需资源，插件商店中有上百种能够加快项目进程的范例、工具和插件等。

1.1.2　Cocos Creator 的工作流程说明

在游戏开发阶段，Cocos Creator 已经能够为用户的效率和创造力带来巨大的提升，但 Creator 工作流远不仅限于开发层面，对于成功的游戏来说，开发和调试、商业化 SDK 的集成、多平台发布、测试、上线这一整套工作流程不仅缺一不可，而且要经过多次的重复迭代，如图 1-1 所示。

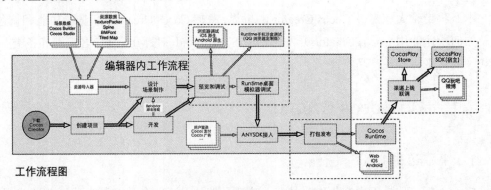

图 1-1

Cocos Creator 将整套手机页游解决方案整合在了编辑器工具里，无须在多个软件之间穿梭，只要打开 Cocos Creator 编辑器，各种一键式的自动化流程可以让开发人员花最少的时间精力解决下面所有问题。

1. 创建或导入资源

（1）将图片、声音等资源拖曳到编辑器的【资源管理器】中，即可完成资源导入。

（2）可以在编辑器中直接创建场景、预制、动画、脚本、粒子等各类资源。

2. 建造场景内容

项目中有了基本资源后，就可以开始搭建场景了，场景是游戏内容最基本的组成方式，也是向玩家展示游戏的基本形态。

通过【场景编辑器】来添加各类节点，负责展示游戏的美术音效资源，并作为后续交互功能的承载。

3. 添加组件脚本，实现交互功能

可以为场景中的节点挂载各种内置组件和自定义脚本组件，来实现游戏逻辑的运行和交互。包括最基本的动画播放、按钮响应，以及驱动整个游戏逻辑的主循环脚本和玩家角色的控制等。几乎所有游戏逻辑功能都是通过挂载脚本到场景中的节点来实现的。

4. 一键预览和发布

在搭建场景和开发功能的过程中，可以随时单击【预览】按钮来查看当前场景的运行效果。使用手机扫描二维码，可以立即在手机上预览游戏。当开发告一段落时，通过【构建发布】面板可以一键发布游戏到包括桌面、手机、Web 等多个平台。

1.1.3　功能特性

Cocos Creator 的功能特色如下。

（1）脚本中能轻松声明可以在编辑器中随时调整的数据属性，对参数的调整可以由设计人员独立完成。

（2）支持智能画布适配和免编程元素对齐的 UI 系统可以完美适配任意分辨率的屏幕设备。

（3）专为 2D 游戏打造的动画系统，支持动画轨迹预览和复杂曲线编辑功能。

（4）动态语言支持的脚本化开发，使得动态调试和移动设备远程调试变得异常轻松。

（5）借助 Cocos2d-x 引擎，在享受脚本化开发的便捷的同时，还能够将游戏一键发布到各类桌面和移动端平台，并保持原生级别的超高性能。

（6）脚本组件化和开放式的插件系统为开发者在不同程度上提供了定制工作流的方法，编辑器可以个性化调整来适应不同团队和项目的需要。

1.1.4　架构特色

Cocos Creator 包含游戏引擎、资源管理、场景编辑、游戏预览和发布等游戏开发所需的全套功能，并且将所有的功能和工具链都整合在了一个统一的应用程序里。

它以数据驱动和组件化作为游戏的核心开发方式，并且在此基础上无缝融合了 Cocos 引擎成熟的 JavaScript API 体系，一方面能够适应 Cocos 系列引擎开发者用户的习惯，另一方面为美术和策划人员提供了前所未有的内容创作生产和即时预览测试环境。

编辑器在提供强大完整工具链的同时，提供了开放式的插件架构，开发者能够用 HTML + JavaScript 等前端通用技术轻松扩展编辑器功能，定制个性化的工作流程。图1-2 所示为 Cocos Creator 的技术架构。

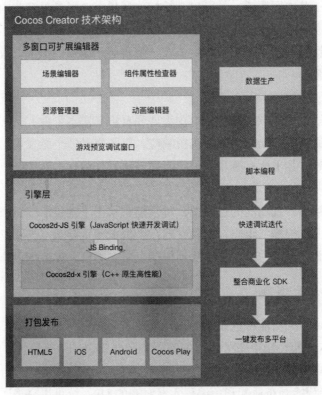

图 1-2

从图 1-2 中可以看出，编辑器是由 Electron 驱动结合引擎所搭建的开发环境，引擎则负责提供许多开发上易于使用的组件和适配各平台的统一接口。

引擎和编辑器的结合，带来的是数据驱动和组件化的功能开发方式，以及设计和程序两类人员的完美分工合作。

（1）设计师在场景编辑器中搭建场景的图像表现。

（2）程序员开发可以挂载到场景任意物体上的功能组件。

（3）设计师负责为需要展现特定行为的物体挂载组件，并通过调试改善各项参数。

（4）程序员开发游戏所需的数据结构和资源。

（5）设计师通过图形化的界面配置好各项数据和资源，从简单到复杂，实现各种工作流程。

1.1.5　使用说明

Cocos Creator 是一个支持 Windows 和 Mac 跨平台运行的应用程序，双击即可启动运行。相比传统的 Cocos2d-x ，Cocos Creator 将配置开发环境的要求完全免除，运行之后就可以立刻开始游戏内容创作或功能开发。

在数据驱动的工作流基础上，场景的创建和编辑成为游戏开发的中心，设计工作和功能开发可以同步进行，无缝协作，不管是美术、策划还是程序员，都可以在生产过程的任意时刻通过单击【预览】按钮，在浏览器、移动设备模拟器或移动设备真机上测试游戏的最新状态。

程序员和设计人员可以实现各式各样的分工合作，不管是先搭建场景，再添加功能，还是先生产功能模块再由设计人员进行组合调试，Cocos Creator 都能满足开发团队的需要。脚本中定义的属性能够以最适合的视觉体验呈现在编辑器中，为内容生产者提供便利。

场景之外的内容资源可以由外部导入，比如图片、声音、图集、骨骼动画等，除此之外，我们还在不断完善编辑器生产资源的能力，包括目前已经完成的动画编辑器，美术人员可以使用这个工具制作出非常细腻、富有表现力的动画资源，并可以随时在场景中看到动画的预览。

最后，开发完成的游戏可以通过图形工具一键发布到各个平台，从设计研发到测试发布，Cocos Creator 全部轻松搞定。

1.1.6　Cocos Creator 2.x 版本

Cocos Creator 2.0 的核心目标有两点。

（1）大幅提升引擎性能。

（2）提供更高级的渲染能力和更丰富的渲染定制空间。

为了完成这两个目标，官方彻底重写了底层渲染器，从结构上保障了性能的提升和渲染能力的升级。同时，为了保障用户项目可以更平滑地升级，几乎没有改动组件层的 API，相信 Creator v1.x 的开发者通过升级指南、文档和 deprecation 信息等方式可以升级上来。

随着 Cocos Creator 进入一个全新的发展阶段，它将陪伴开发者进入 2D 游戏创作的全新时代，告别三转二和帧动画特效，带给玩家更具独创性和感染力的游戏作品。

（1）2.0 版本彻底移除了渲染树，由逻辑树中的节点和组件直接生成渲染数据，对于节点树的操作和节点状态的修改，都是低损耗的。如果有任何节点需要临时屏蔽，可以直接操作 active 状态，增删节点也不会造成额外的性能消耗。

（2）2.0 版本升级了基础渲染器为 3D 渲染器，提供更加强大的高级渲染能力，给予 2D 游戏在表现力上更广阔的想象空间，开发者可以创造出从前无法想象的游戏画面。同时在其他后续版本中通过开放材质组件、支持着色器资源、支持压缩纹理、支持 Mesh 渲染等功能赋予 Creator 强大的渲染定制能力。

（3）2.0 版本中的渲染器不需要任何节点和组件层的信息，只需要交互层数据对象就可以完成所有的渲染工作，逻辑和渲染隔离前所未有的清晰。

（4）零垃圾设计。2.0 版本的框架开发非常重视内存的使用，深度使用预分配的对象池，尽一切可能将引擎内部的内存开销降到最低，实现了渲染过程中极低的内存占用。

（5）2.1 版本开始支持 3D 游戏的设计。

Cocos Creator 2.2 版本的性能不仅完胜了所有 Cocos Creator 过往版本，更超越了 Cocos2d-JS 和性能一贯优异的 Cocos2d-Lua，因此 2.2 版本的 Cocos Creator 已经能够在原生平台上满足所有 Cocos 新老开发者的性能需求。其性能对比如图 1-3 和图 1-4 所示。

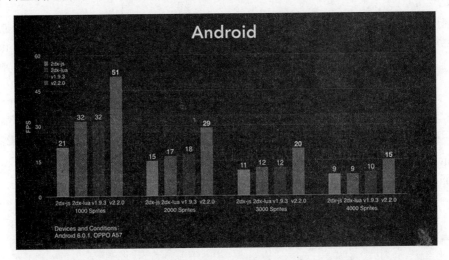

图 1-3

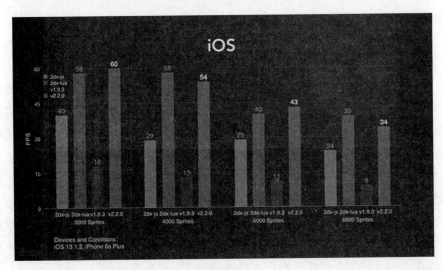

图 1-4

测试结果表明，在 Android 原生平台上，Cocos Creator 2.2.0 的性能是 Cocos2d-Lua 和 Cocos Creator 1.9.3 版本的 1.5~1.7 倍。在 iOS 原生平台上，Cocos Creator 2.2.0 的性能和 Cocos2d-Lua 齐平，是 1.9.3 版本的 3~4 倍。

此外，Cocos Creator 2.2 版本在 iOS 原生上不但帧率获得提升，GC 时的卡顿也大大减轻，实际体验更加流畅。

1.2　安装 Cocos Creator

本节将向大家介绍在 Windows 10 系统下安装 Cocos Creator 的步骤和注意事项。

1.2.1　下载 Cocos Creator

访问 Cocos Creator 产品首页 （https://www.cocos.com/creator）上的下载链接获得 Cocos Creator 的安装包。官方提供了 Windows 和 Mac 系统两个版本，根据自己的操作系统类型选择下载安装。

本书使用官方 v2.2.0 版本进行讲解和演示。

Cocos Creator 所支持的系统环境：

（1）Mac OS X 所支持的最低版本是 OS X 10.9；

（2）Windows 所支持的最低版本是 Windows 7 64 位；

（3）磁盘空间至少 2GB。

1.2.2　Windows 安装说明

Windows 版的安装程序是一个 .exe 可执行文件，通常命名会是 CocosCreator_vX.X.X_20XXXXXX_setup.exe，其中 vX.X.X 是 Cocos Creator 的版本号，后面的一串数字是版本日期编号，如 "CocosCreator_v2.2.0_20191017_win.7z"。

使用 WinRar 等解压软件解压安装文件，如图 1-5 所示。然后双击安装文件，在弹出的语言选择界面中选择【中文（简体）（中国）】选项，如图 1-6 所示。

图 1-5　　　　　　　　　　　　图 1-6

选择好语言之后，单击【确定】按钮；再选择安装路径，默认路径是 C:\CocosCreator_2.2.0\，可以单击右侧的【…】按钮修改安装路径，本案例将安装目录修改到 E:\CocosCreator_2.2.0\；然后勾选【我同意授权许可条款】复选框，单击绿色的【安装】按钮，开始进行安装，如图 1-7 所示。

　　如果要修改原生工程（底层 C++ 部分），可以选择安装 Visual Studio 2017，这里忽略不安装，如图 1-8 所示。

　　　　　　　　图 1-7　　　　　　　　　　　　　　　　　　　　图 1-8

　　单击【继续】按钮，如图 1-9 所示，耐心等待数分钟之后安装自动完成，如图 1-10 所示，然后单击【完成】按钮，自此安装就完成了。

　　　　　　　　图 1-9　　　　　　　　　　　　　　　　　　　　图 1-10

　　Windows 安装须注意以下事项。

　　（1）安装文件版本号中的日期编号在使用内测版时会更新得比较频繁，如果当前 PC 上已安装的版本号和安装包的版本号相同，无法自动覆盖已安装相同版本号的安装包，需要先卸载之前的版本才能继续安装。

（2）应用的安装路径默认选择 C:\CocosCreator_2.x.x，可以在安装过程中进行更改。

（3）Cocos Creator 将会占据系统盘中大约 1.7 GB 的空间，在安装前要整理系统盘空间。

（4）如果出现 "不能安装需要的文件，因为 CAB 文件没有正确的数字签名。可能表明 CAB 文件损坏" 的弹窗警告，可尝试使用管理员权限进行安装。

1.2.3　Mac 安装说明

Mac 版 Cocos Creator 安装程序是 dmg 镜像文件，如 CocosCreator_v2.2.0_20191017_mac.dmg，双击 dmg 文件，在打开的界面中单击右侧的 Agree 按钮，如图 1–11 所示。

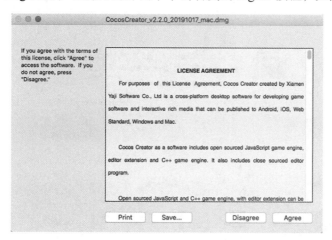

图 1–11

将 CocosCreator.app 拖曳到应用程序（Application） 文件夹快捷方式，或其他任意位置，如图 1–12 和图 1–13 所示。再双击 CocosCreator.app 图标就可以使用了。

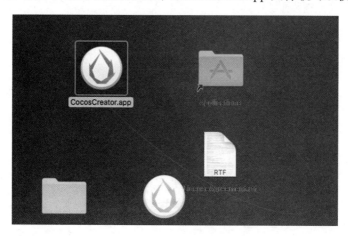

图 1–12

图 1-13

注意：如果下载后无法打开，提示 dmg 或者 app 文件已损坏、来自身份不明的开发者或者包含恶意软件等，如图 1-14 所示，可在 Finder（访达）中右击 dmg 或 app 文件，在弹出的快捷菜单中选择【打开】命令，在弹出对话框中单击【打开】按钮即可；接着进入【系统偏好设置】→【安全性与隐私】界面，单击【仍要打开】按钮，这样就可以正常启动了，如图 1-15 和图 1-16 所示。

图 1-14

图 1-15

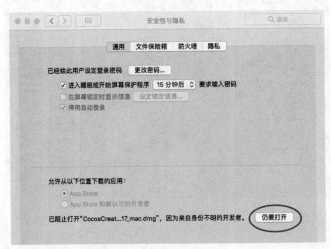

图 1-16

1.2.4　运行 Cocos Creator

在 Windows 系统中，双击安装文件夹中的 CocosCreator.exe 文件即可启动 Cocos Creator。

在 Mac 系统中，双击 CocosCreator.app 图标即可启动 Cocos Creator。也可以按照习惯为入口文件设置快速启动、Dock 或快捷方式。

Cocos Creator 启动后，会进入 Cocos 开发者账号的登录界面，如图 1-17 所示。

图 1-17

如果之前没有 Cocos 开发者账号，可以单击登录界面中的【注册】按钮前往 Cocos 开发者中心（或进入下面链接：https://passport.cocos.com/auth/signup），输入账号名、密码、邮箱等信息就可以完成注册，如图 1-18 所示。

图 1-18

注册完成后就可以回到 Cocos Creator 登录界面完成登录了。验证身份后，就会进入 Dashboard 界面。除了手动登出或登录信息过期，其他情况下都会用本地 session 保存的信息自动登录，如图 1-19 所示。

图 1-19

1.2.5　H5 游戏调试必备之谷歌 Chrome 浏览器安装

Google Chrome 是一款由 Google 公司开发的设计简单、高效的 Web 浏览工具，支持多标签浏览，每个标签页面都在独立的"沙箱"内运行，在提高安全性的同时，一个标签页面的崩溃不会导致其他标签页面被关闭。此外，Google Chrome 基于更强大的 JavaScript V8 引擎，运行效率非常高，对于 HTML5 游戏开发非常友好。

Google Chrome 可以到官方网站（https://www.google.cn/intl/zh-CN/chrome/）或百度搜索 chrome 到第三方市场下载安装。

1.2.6　常见问题

对于部分 Windows 操作系统和显卡型号，可能会遇到"This browser does not support WebGL..."之类的报错信息。这是由于编辑器依赖 GPU 渲染，而显卡驱动不支持导致的。如果出现这种情况，通常只要确保已成功安装显卡对应型号的官方驱动即可解决。

1.2.7　版本兼容性和回退方法

Cocos Creator 版本升级时，新版本的编辑器可以打开旧版本的项目，但当在项目开发到一半升级新版本的 Cocos Creator 时，则可能会遇到一些问题。因为在早期版本中引擎和编辑器的实现可能存在 bug 和其他不合理的问题，这些问题可以通过用户项目和脚本的特定使用方法来规避，但当后续版本中修复了这些 bug 和问题时就可能会对现有项目造成影响。

在发现这种版本升级造成的问题时，除了联系开发团队寻求解决办法外，也可以卸载新版本的 Cocos Creator 并重新安装旧版本。安装旧版本过程中可能遇到以下问题。

在 Windows 系统中，安装旧版本时提示"已经有一个更新版本的应用程序已安装"的情况，如果确定已经通过控制面板正确卸载了新版本的 Cocos Creator，但还不能安装旧版本，可以访问微软官方提供的解决无法安装或卸载程序 (https://support.microsoft.com/en-us/help/17588/windows-fix-problems-that-block-programs-being-installed-or-removed) 的帮助页，按照提示下载小工具并修复损坏的安装信息，即可继续安装旧版本。

使用新版本 Cocos Creator 打开过的项目，在旧版本 Cocos Creator 中打开时可能会遇到编辑器面板无法显示内容的问题，可以尝试选择主菜单中的【布局】→【恢复默认布局】命令来进行修复。

1.3　使用 Dashboard（仪表板）

启动 Cocos Creator 并使用 Cocos 开发者账号登录以后，就会打开 Dashboard 界面，在这里可以新建项目、打开已有项目、获得帮助信息或得到最新的官方动态等信息。

1.3.1　界面总览

Cocos Creator 的 Dashboard 界面包括以下几个选项卡，如图 1-20 所示。

图 1-20

（1）最近打开项目。在此选项卡中列出最近打开的项目，第一次运行 Cocos Creator 时，这个列表是空的，会提示新建项目。

（2）新建项目。选择这个选项卡，会进入 Cocos Creator 新项目创建的指引界面。

（3）打开其他项目。如果创建的项目没有出现在最近打开项目的列表里，也可以选择这个选项卡来浏览和选择要打开的项目。

（4）动态。最新公告、新闻动态、更新记录等信息都可以在这里查看。

（5）教程。在此选项卡中提供帮助信息，是一个包括各种新手指引信息和文档的静态页面。

1.3.2　最近打开项目

可以通过【最近打开项目】选项卡快速访问近期打开过的项目。当开发者创建了一些项目后回来，创建的项目就会出现在列表里，如图 1-21 所示。

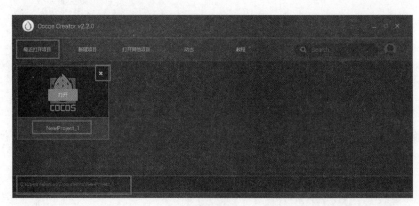

图 1-21

当鼠标悬停在一个最近打开的项目条目上时，会显示出可以对该项目进行操作的行为。

选择【打开】选项，在 Cocos Creator 编辑器中打开该项目。

选择【关闭】选项，将该项目从最近打开项目列表中移除，这个操作不会删除实际的项目文件夹。

此外，当鼠标单击选中或悬停在项目上时，可以在 Dashboard 下方的状态栏中看到该项目所在的路径。

1.3.3　新建项目

可以在【新建项目】选项卡里创建新的 Cocos Creator 项目。

选择【新建项目】选项卡，首先选择一个项目模板，项目模板包括各种不同类型的游戏基本架构，以及学习用的范例资源和脚本，来帮助开发者更快进入创造性的工作中。

单击选择一个模板，可以在页面下方看到该模板的描述，如图 1-22 所示。

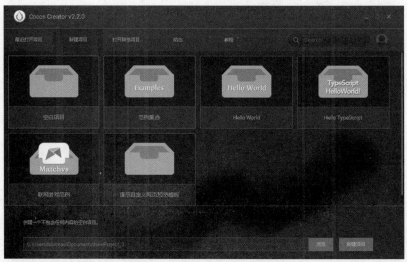

图 1-22

注意：早期的 Cocos Creator 版本中没有多少可选择的项目模板，随着 Cocos Creator 功能的逐渐完整，持续添加了更多的模板方便用户选择。

在页面下方可以看到项目名称和项目存放路径。可以在项目路径文本框中手动输入项目存放路径和项目名称，路径的最后一节就是项目名称。

也可以单击【浏览】按钮，弹出【浏览路径】对话框，在本地文件系统中选择一个位置来存放新建项目。

一切都设置好后，单击【新建项目】按钮来完成项目的创建。此时，Dashboard 界面会被关闭，新创建的项目会在 Cocos Creator 编辑器主窗口中打开。

1.3.4　打开其他项目

如果在【最近打开项目】选项卡中找不到所需项目，或者从网上下载了一个从未打开过的项目时，可以通过【打开其他项目】选项卡在本地文件系统浏览并打开项目。

切换到【打开其他项目】选项卡后，会弹出本地文件系统的选择对话框，在这个对话框中选中项目文件夹，并单击【选择文件夹】按钮就可以打开项目，如图 1-23 所示。

图 1-23

注意：Cocos Creator 使用特定结构的文件夹作为合法项目标识，而不是使用工程文件，选择项目时只要选中项目文件夹即可。

1.3.5　动态

在【动态】选项卡中可以看到官方最新的公告、新闻动态以及 Cocos Creator 更新记录等，如图 1-24 所示。

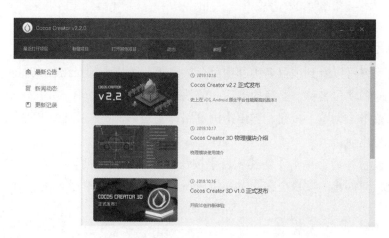

图 1-24

1.3.6 教程

通过【教程】选项卡可以访问 Cocos Creator 用户手册、编程 API 和其他帮助文档，如图 1-25 所示。

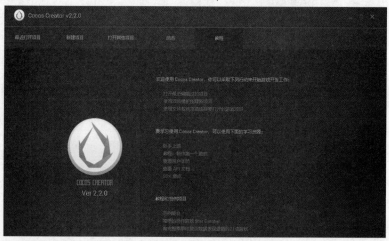

图 1-25

1.4 创建项目"Hello World"

学习的目的是要制作项目，本小节就来编辑制作第一个 Cocos Creator 项目。通常都是创建 Hello World 项目，通过这个简单的项目，可以快速地掌握游戏的制作流程。

1.4.1 创建项目

（1）在 Dashboard 中，选择【新建项目】选项卡，选中 Hello World 项目模板。

（2）在下面的项目路径栏中指定一个新项目存放路径，路径的最后一部分就是项目文件夹名称，如图 1-26 所示。

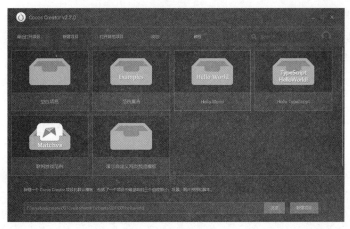

图 1-26

（3）选择好路径后单击右下角的【新建项目】按钮，就会自动以 Hello World 项目为模板创建新的项目并打开，如图 1-27 所示。

图 1-27

1.4.2　打开场景，开始工作

Cocos Creator 的工作流程是以数据驱动和场景为核心的，我们创建的 HelloWorld 项目是官方提供的，所以会默认打开 helloworld 场景文件，如图 1-28 所示。

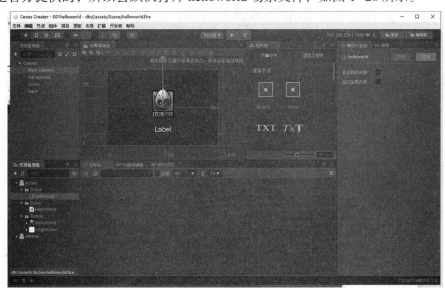

图 1-28

在【资源管理器】中，双击箭头所指的 helloworld 场景文件。Cocos Creator 中所有的场景文件都以 ⚪ 作为图标，关于窗口中的各个界面及其相关功能，后续章节会详细讲解，这里大家先总体有个印象即可。

1.4.3 预览游戏

要预览游戏场景，单击编辑器窗口正上方的【预览游戏】按钮，如图 1-29 所示。

图 1-29

Cocos Creator 会自动打开操作系统的默认浏览器进行项目预览。也可以单击预览窗口左上角的下拉按钮，从下拉列表中选择不同设备屏幕的预览效果（模拟 iPhone、iPad、Android 等不同设备的分辨率），如图 1-30 所示。

图 1-30

1.4.4 尝试修改

Cocos Creator 以数据驱动为核心的最初体现，就在于当我们需要改变 Hello World 的问候文字时，不需要再编辑程序脚本代码，而是直接修改场景中保存的文字属性。

（1）在【层级管理器】中选中 Canvas 节点，HelloWorld 组件脚本就挂在这个节点上。

（2）在【属性检查器】面板下方找到 HelloWorld 组件的属性，然后将 Text 属性里的文本改成"你好，世界"，如图 1-31 所示。

（3）再次运行预览，可以看到欢迎文字已经更新为中文显示了，如图 1-32 所示。

图 1-31

图 1-32

1.4.5　本节总述

这一节我们认识了如何从场景开始 Cocos Creator 的工作流程，并且通过修改欢迎文字简单展示了数据驱动的工作方式。接下来的章节我们将逐步认识 Cocos Creator 的功能，让大家对 Cocos Creator 的工作流有更完整的认识。

1.5　项目结构

通过 Dashboard，可以创建一个 Hello World 项目作为开始，创建之后的项目有特定的文件夹结构，我们将在这一节熟悉 Cocos Creator 项目的文件夹结构。

1.5.1 项目文件夹结构

初次创建并打开一个 Cocos Creator 项目后，该项目文件夹会包括以下结构。

ProjectName（项目文件夹）

```
├── assets
├── library
├── local
├── packages
├── settings
├── temp
└── project.json
```

1.5.2 项目文件夹的功能

下面将介绍每个文件夹的功能。

1. 资源文件夹（assets）

assets 用来放置游戏中所有的本地资源、脚本和第三方库文件等。只有在 assets 目录下的内容才能显示在【资源管理器】中。assets 中的每个文件在导入项目后都会生成一个相同名字的 .meta 文件，用于存储该文件作为资源导入后的信息和与其他资源的关联。一些第三方工具生成的工程或设计原文件，如 TexturePacker 的 .tps 文件，或 Photoshop 的 .psd 文件，可以选择放在 assets 外面来管理。

2. 资源库（library）

library 是将 assets 中的资源导入后生成的，文件的结构和资源的格式将被处理成游戏最终发布时需要的形式。如果使用版本控制系统管理项目，这个文件夹是不需要进行版本控制的。当 library 丢失或损坏的时候，只要删除整个 library 文件夹再打开项目，就会重新生成资源库。

3. 本地设置（local）

local 文件夹中包含该项目的本地设置，包括编辑器面板布局、窗口大小、位置等信息。不需要关心该文件夹里的内容，只要设置编辑器布局，相关内容就会自动保存在该文件夹中。一般 local 也不需要进行版本控制。

4. 插件文件夹（packages）

本地插件的目录，创建的本地插件都存在这个目录中。本地插件指的是当前项目可以用的插件。

5. 项目设置（settings）

settings 里保存项目相关的设置，如【构建发布】菜单里的包名、场景和平台选择等。这些设置需要和项目一起进行版本控制。

6. project.json

project.json 文件和 assets 文件夹一起，作为验证 Cocos Creator 项目合法性的标志。

只有包括这两个内容的文件夹才能作为 Cocos Creator 项目打开。而 project.json 目前只用来规定当前使用的引擎类型和插件存储位置，不需要用户关心其内容。这个文件也应该纳入版本控制。

7. 构建目标（build）

在使用主菜单中的【项目】→【构建发布】→【使用默认发布路径】命令发布项目后，编辑器会在项目路径下创建 build 目录，并存放所有目标平台的构建工程。由于每次发布项目后资源 id 可能会发生变化，而且构建原生工程时体积很大，所以此目录建议不进行版本控制。

8. 构建模板目录（build-templates）

Cocos Creator 支持对每个项目分别定制发布模板，用户如果需要新增或者替换文件，只需要在项目路径下添加一个 build-templates 目录，里面按照平台路径划分子目录。在构建结束的时候，build-templates 目录下所有的文件都会自动按照对应的目录结构复制到构建生成的工程里。

1.6　Cocos2d-x 用户上手指南

由于历史原因，市面上有非常多的程序员依然在使用 Cocos2d-x（C++/Lua/JS）进行游戏设计，Cocos2d-x 是一套开源的跨平台游戏开发框架，核心代码采用 C++ 编写，提供 C++、Lua、JavaScript 三种编程语言接口。引擎中提供了图形渲染、界面、音效、物理、网络等丰富的功能。所以本节指引 Cocos2d-x 的用户开始使用 Cocos Creator 并尽量平滑过渡到新编辑器的使用方式上来。

1.6.1　典型误区

对于刚刚接触 Cocos Creator 的用户来说，可能会遇到下面几个典型的误区。

（1）希望配合 Cocos2d-x 来使用 Cocos Creator。Cocos Creator 内部已经包含完整的 JavaScript 引擎和 Cocos2d-x 原生引擎，不需要额外安装任何 Cocos2d-x 引擎或 Cocos Framework。

（2）先搭建整体代码框架，再添加游戏内容。Cocos Creator 的工作流是内容创作为导向的，所以对原型创作非常友好，在编辑器中直接进行场景搭建和逻辑代码编写，即可驱动游戏场景运行。

（3）在编码的时候直接查看 Cocos2d-JS 的 API。Cocos Creator 可以说脱胎自 Cocos2d-JS，它们的 API 一脉相承，有很多相同的部分，但由于使用了全新的组件化框架，两者的 API 是有差异的，并且无法互相兼容。

（4）希望将旧的 Cocos2d-JS 游戏直接在 Cocos Creator 上运行。由于两者的 API 并不是 100% 兼容的，所以这点是做不到的。

（5）用继承的方式扩展功能。在 Cocos2d-JS 中，继承是用来扩展节点功能的基本方法，但是在 Cocos Creator 中，不推荐对节点进行继承和扩展，节点只是一个实体，游戏逻辑应该实现在不同的组件中并组合到节点上。

1.6.2 数据驱动

在 Cocos2d-x 中，开发方式是以代码来驱动的，游戏中的数据大多也是在代码中存储的，除非开发者构建了自己的数据驱动框架。在 Cocos Creator 框架中，所有场景都会被序列化为纯数据，在运行时使用这些纯数据来重新构建场景、界面、动画甚至组件等元素。

1.6.3 Framework 层面的变化

开头已经提到，Cocos Creator 完整集成了组件化的 Cocos2d-JS，它是一个深度定制的版本。由于组件化的改造和数据驱动的需求，它与标准版本 Cocos2d-JS 拥有一脉相承但不互相兼容的 API 集。

1. 逻辑树和渲染树

在 Cocos2d-JS 中，渲染器会遍历场景节点树来生成渲染队列，所以开发者构建的节点树实际上就是渲染树。而 Cocos Creator 中引入了一个新的概念：逻辑树。开发者在编辑器中搭建的节点树和挂载的组件共同组成了逻辑树，其中节点构成实体单位，组件负责逻辑。

最重要的一点区别是：逻辑树关注的是游戏逻辑而不是渲染关系。

逻辑树会生成场景的渲染树，决定渲染顺序，不过开发者并不需要关心这些，只要在编辑器中保障显示效果正确即可。

2. 场景管理

在 Cocos2d-JS 中，开发者用代码搭建完场景，通过 cc.director.runScene 来切换场景。在 Cocos Creator 中，开发者在编辑器中搭建完场景，所有数据会保存为一个 scene-name.fire 文件，存在资源数据库（Asset Database）中。开发者可以通过 cc.director.loadScene 来加载一个场景资源。

1.6.4 事件系统

在逻辑节点（cc.Node）中，添加了一系列全新的事件 API，从逻辑节点可以分发多种事件，也允许监听器向自己注册某种事件。监听器可以是一个简单的回调函数，也可以是回调函数和它的调用者组合，后续章节会进行讲解。

1.7 学习 Cocos Creator 需要的知识

游戏开发是一个综合的技术栈，开发游戏需要学习编程语言、平台知识、编辑器使用、算法和数据结构、设计模式等多种知识，当我们想要使用 Cocos Creator 时，需要学习下面这些知识。

1.7.1　编程语言

开发游戏需要学习的编程语言有 JavaScript 或 TypeScript。Cocos Creator 支持 JavaScript 和 TypeScript，本书使用 JavaScript 编写游戏逻辑和扩展编辑器，Cocos Creator 中的 JavaScript 是基于脚本语言的基本语法，并加入了一些特有的规则，初学者需要同时学习基本语法和本地规则。

1.7.2　编辑器的基本使用

开发一款游戏，不只是编写代码，还需要将图片、音乐音效、字体、粒子、地图等资源有效地组织起来，Cocos Creator 提供了完善的资源导入和管理的解决方案，作为游戏开发者需要在熟悉这些资源的同时学会资源管理的方法。

1.7.3　游戏的基本系统

游戏的系统涉及三大模块，UI 系统、动画系统和物理系统等，这是开发游戏的基础，学习一款游戏引擎的使用，除了编程语言外，最重要的就是学习这三个模块。

1.7.4　实战和扩展

学习完基础知识之后，就需要自己动手开发游戏，并且在自己开发的基础上进行性能优化、打包导出等，这些内容都需要建立在开发实战的基础之上。

本书的后续章节将逐步介绍这些知识，实战篇会通过三个实战游戏展示 Cocos Creator 在实际项目中的应用。

1.8　本章小结

本章介绍了 Cocos Creator 的特征、应用、工作流程、Cocos Creator 2.x 的优点，以及在 Windows 和 Mac 系统的安装方法，并用一个 Hello World 实例向大家展示了 Cocos Creator 开发的高效和便利，还讲解了工程中每个目录的功能与作用。Cocos Creator 包括场景编辑、UI 设计、资源管理、调试、预览及发布等游戏开发的完整流程，不同于之前的 Cocos 产品族的编辑器，Cocos Creator 实现了完全的脚本化，并使用 ECS 模式实现了组件化和数据驱动的方式。另外，本章还介绍了 Cocos Creator 与其他引擎的异同及其他学习 Cocos Creator 所必备的知识，为后续学习做好准备。

第 2 章　编辑器基础

工欲善其事，必先利其器，要做好一件事，准备工作非常重要。Cocos Creator 编辑器是开发游戏的必要条件，它由多个面板组成，面板可以自由移动、组合，以适应不同项目和开发者的需要，如图 2-1 所示。本节向大家介绍 Cocos Creator 的编辑器基础，熟悉组成编辑器的各个面板、菜单和功能按钮。

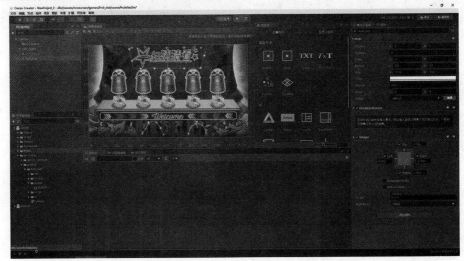

图 2-1

2.1　资源管理器

【资源管理器】（Assets）是用来访问和管理项目资源的工作区域。在开始制作游戏时，添加资源到【资源管理器】通常是必需的步骤。例如，使用 Hello World 模板新建一个项目，就可以看到【资源管理器】中包含了一些基本资源类型。

2.1.1　界面介绍

【资源管理器】将项目资源文件夹中的内容以树状结构展示出来，注意只有放在项目文件夹 assets 目录下的资源才会显示在这里。下面介绍各个界面元素，如图 2-2 所示。

图 2-2

（1）左上角的 ![+] 按钮是创建按钮，用来创建新资源。

（2）右上方的文本框可以用来搜索过滤文件名包含特定文本的资源。

（3）右上角【搜索】按钮用来选择搜索的资源类型。

（4）面板主体是资源文件夹的资源列表，可以在这里用右键菜单或拖曳操作对资源进行增删修改。

（5）文件夹前面的 ![▼]（小三角）按钮用来切换文件夹的展开 / 折叠状态。当用户按住 Alt/Option 键的同时单击该按钮，除了执行这个文件夹自身的展开 / 折叠操作之外，还会同时展开 / 折叠该文件夹下的所有子节点。

2.1.2　资源列表

资源列表中可以包括任意文件夹结构，文件夹在【资源管理器】中会以 ![📁] 图标显示，单击图标左边的箭头就可以展开 / 折叠该文件夹中的内容。

除了文件夹之外，列表中显示的都是资源文件，资源列表中的文件会隐藏扩展名，并以图标指示文件或资源的类型。例如，Hello World 模板创建的项目中包括下面三种核心资源。

（1）图片资源。目前包括 jpg、png 等图像文件，图标会显示为图片的缩略图。

（2）![JS] 脚本资源。程序员编写的 JavaScript 脚本文件，以 .js 为文件扩展名。通过编辑这些脚本添加组件功能和游戏逻辑。

（3）![场景] 场景资源。双击可以打开的场景文件，才能继续进行游戏内容的创作和生产。

更多常见资源类型和资源工作流程，后续章节会进行介绍。

2.1.3 创建资源

目前可以在【资源管理器】中创建的资源有以下几类：

（1）文件夹；

（2）脚本文件（Java Saript）；

（3）场景（Scene）；

（4）动画剪辑（Animation Clip）；

（5）自动图集配置；

（6）艺术数字配置；

（7）Material（材质）；

（8）Effect（效果）。

单击左上角的【＋】按钮，会弹出包括上述资源列表的快捷菜单，如图 2-3 所示，选择其中的项目就会在当前选中的位置新建相应资源。

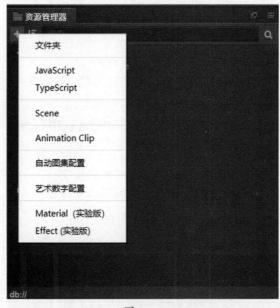

图 2-3

2.1.4 选择资源

在资源列表中可以使用以下方法选择一个或多个资源。

（1）单击可以选中单个资源。

（2）按住 Ctrl 或 Cmd 键并单击，可以将更多资源选中。

（3）按住 Shift 键并单击，可以连续选中多个资源。

对于选中的资源，可以执行移动、删除等操作。

2.1.5 移动资源

选中资源后（可多选），按住鼠标左键可以将资源拖曳到其他位置。将资源拖曳到文件夹上时，会看到鼠标悬停的文件夹以橙色高亮显示，如图 2-4 所示，这时松开鼠标，就会将资源移动到高亮显示的文件夹下。

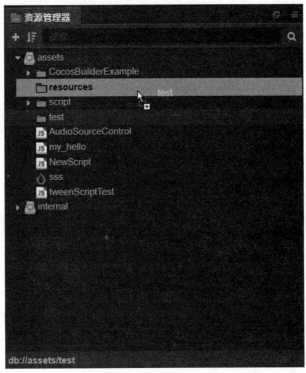

图 2-4

2.1.6 删除资源

对于已经选中的资源，可以按以下方法进行删除操作。

（1）右击选中的资源，在弹出的快捷菜单中选择【删除】命令。

（2）选中资源后直接按 Delete 键（Windows）或 Cmd + Backspace 组合键（Mac）。

由于删除资源是不可撤销的操作，所以会弹出对话框要求用户确认。确定后资源会被删除，而且无法从回收站（Windows）或废纸篓（Mac）找回，因此一定要谨慎使用，并做好版本管理或手动备份。

2.1.7 其他操作

【资源管理器】的右键菜单中还包括以下命令。

（1）【新建】。该命令和【创建】按钮的功能相同，会将资源添加到当前选中的文件夹下，如果当前选中的是资源文件，则会将新增资源添加到当前选中资源所在的文件夹中。

（2）【复制】/【粘贴】。使用这两个命令可将选中的资源复制到该文件夹下或者另外的文件夹下。

（3）【重命名】。该命令用来对资源进行重命名。

（4）【查找资源】。查找使用该资源的文件，并在搜索框中过滤显示。

（5）【在"资源管理器"中显示】（Windows）或【在 Finder 中显示】（Mac）。该命令用来在操作系统的文件管理器窗口中打开资源所在的文件夹。

（6）【打开 Library 中的资源】。该命令用来打开所选中的资源被 Creator 导入后生成的数据。

（7）【前往 Library 中的资源位置】。该命令用来打开项目文件夹的 Library 中导入资源的位置，详情阅读"项目结构"一节。

（8）【显示资源 UUID 和路径】。该命令用来在【控制台】窗口显示当前选中资源的 UUID。

另外，对于场景、脚本等特定类型资源，可以双击资源进入编辑状态。

2.1.8　过滤资源

在【资源管理器】右上方搜索框中输入文本，可以过滤出文件名包括输入文本的所有资源；也可以输入 *.png 文件扩展名，会列出所有指定扩展名的资源。

2.2　Scene 场景编辑器

【场景编辑器】是内容创作的核心工作区域，使用它能够选择和摆放场景图像、角色、特效、UI 等各类游戏元素，也可以选中并通过变换工具修改节点的位置、旋转、缩放、尺寸等属性，并可以获得所见即所得的场景效果预览，如图 2-5 所示。

图 2-5

2.2.1 视图介绍

1. 导航

可以通过以下操作移动和定位场景编辑器的视图。

（1）鼠标右键拖曳：平移视图。

（2）鼠标滚轮：以当前鼠标悬停位置为中心缩放视图。

2. 坐标系和网格

场景视图的背景会显示一组标尺和网格，表示世界坐标系中各个点的位置信息。读数为（0,0）的点为场景中世界坐标系的原点。使用鼠标滚轮缩小视图时，每一个刻度代表 100 像素的距离。根据当前视图缩放尺度的不同，会在不同刻度上显示代表该点到原点距离的数字，单位都是像素。场景中的标尺和网格是安排场景元素位置时的重要参考信息。

3. 设计分辨率指示框

视图中的紫色线框表示场景中默认会显示的内容区域，这块区域的大小由设计分辨率决定。关于设计分辨率的设置和效果在后续章节的 Canvas 组件一节中进行介绍。

2.2.2 视图常用操作

1. 选取节点

鼠标指针悬浮在场景中的节点上时，节点的约束框将会以灰色单线显示。此时单击鼠标，就会选中该节点。选择节点是使用变换工具设置节点位置、旋转、缩放等操作的前提。选中的节点周围将会有蓝色的线框提示节点的约束框。

2. 节点的约束框

节点在鼠标指针悬浮或选中状态下都能够看到约束框（灰色或蓝色的线框），约束框的矩形区域表示节点的尺寸（size）属性。即使节点没有包含图像渲染组件（如 Sprite），也可以为节点设置 size 属性，而节点约束框内部的透明区域都可以被鼠标悬浮和单击选中，如图 2-6 所示。

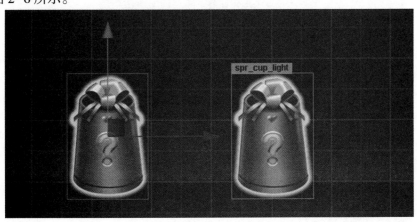

图 2-6

节点的尺寸（size）属性在多分辨率适配和排版策略中有非常重要的作用。

3. 节点名称提示

鼠标指针悬浮在节点上时，与节点的约束框同时显示的还有节点的名称，在节点比较密集时可以先根据悬浮提示确定要选择的目标，然后单击确认选择。

4. 多选节点

在【场景编辑器】中按下鼠标左键并拖曳，可以画出一个蓝色覆盖的选取框，和选取框有重合的节点，在放开鼠标按键后都会被一起选中。在放开鼠标键之前可以任意滑动鼠标来更改选取框的区域。

选中多个节点后，进行的任何变换操作都会同时作用于所有选中的节点。

2.2.3 使用变换工具布置节点

【场景编辑器】的核心功能就是以所见即所得的方式编辑和布置场景中的可见元素。主要通过主窗口工具栏左上角的一系列变换工具来将场景中的节点按一定方式布置。将鼠标指针悬浮到变换工具上面时会显示相关的提示信息。

1. 移动变换工具

【移动变换】工具是打开编辑器时默认处于激活状态的变换工具，也可以通过单击位于主窗口左上角工具栏中的第一个按钮来激活该工具，如图 2-7 所示，或者在使用【场景编辑器】时按快捷键 W，即可激活【移动变换】工具。

图 2-7

选中任意一个节点，即可看到节点中心（或锚点所在位置）上出现了由红、绿两个箭头和蓝色方块组成的移动控制手柄（gizmo），如图 2-8 所示。

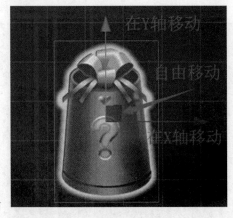

图 2-8

移动控制手柄是指【场景编辑器】中在特定编辑状态下显示出的可用鼠标进行交互操作的控制器。这些控制器只用来辅助编辑，在游戏运行时不会显示。

【移动变换】工具激活时：

（1）将鼠标指针悬浮在红色箭头上面，按下鼠标左键并拖曳，将在 X 轴方向移动节点；

（2）将鼠标指针悬浮在绿色箭头上面，按下鼠标左键并拖曳，将在 Y 轴方向移动节点；

（3）将鼠标指针悬浮在蓝色方块上面，按下鼠标左键并拖曳，可以同时在两个轴向自由移动节点。

2. 旋转变换工具

单击主窗口左上角工具栏中的第二个按钮，或在使用【场景编辑器】时按下快捷键 E，即可激活【旋转变换】工具，如图 2-9 所示。

图 2-9

【旋转变换】工具手柄是由一个箭头和一个圆环组成的，箭头所指的方向表示当前节点旋转属性（rotation）的角度，拖曳箭头或圆环内任意一点就可以旋转节点，如图 2-10 所示，放开鼠标前，可以在控制手柄上看到旋转属性的角度值。

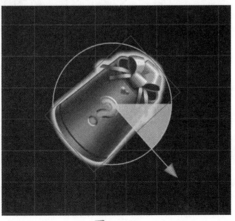

图 2-10

3. 缩放变换工具

单击主窗口左上角工具栏中的第三个按钮，或在使用【场景编辑器】时按下快捷键 R，即可激活【缩放变换】工具，如图 2-11 所示。

图 2-11

（1）将鼠标指针悬浮在红色方块上面，按下鼠标左键并拖曳，可在 X 轴方向缩放节点图像；

（2）将鼠标指针悬浮在绿色方块上面，按下鼠标左键并拖曳，可在 Y 轴方向缩放节点图像；

（3）将鼠标指针悬浮在中间黄色方块上面，在保持宽高比的前提下整体缩放节点图像。缩放节点时，会同比缩放所有的子节点。操作示意如图 2-12 所示。

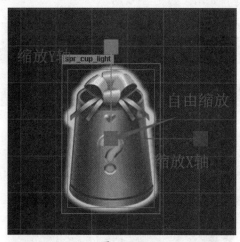

图 2-12

4. 矩形变换工具

单击主窗口左上角工具栏中的第四个按钮，或在使用【场景编辑器】时按下快捷键 T，即可激活【矩形变换】工具，如图 2-13 所示。

图 2-13

拖曳控制手柄的任一顶点，可以在保持对角顶点位置不变的情况下，同时修改节点尺寸中的 Width 和 Height 属性。

拖曳控制手柄的任一边，可以在保持对边位置不变的情况下，修改节点尺寸中的 Width 或 Height 属性。操作示意如图 2-14 所示。

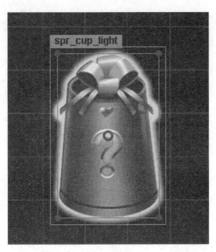

图 2-14

注意：在 UI 元素的排版中，经常会需要使用【矩形变换】工具直接精确控制节点四条边的位置和长度。而对于必须保持原始图片宽高比的图像元素，通常不会使用【矩形变换】工具来调整尺寸。

2.3　Node Tree 层级管理器

【层级管理器】中包括当前打开场景中的所有节点，不管节点是否包括可见的图像。可以在【层级管理器】中选择、创建和删除节点，也可以通过将一个节点拖曳到另一个节点上来建立节点间的父子关系，如图 2-15 所示。

图 2-15

单击选中任一节点，被选中的节点会以蓝底色高亮显示，并在【场景编辑器】中显示蓝色边框，同时更新【属性检查器】中的内容。

（1）左上角的 ✚ 按钮是创建按钮，用来创建节点。

（2）【搜索】按钮 🔍 用来过滤搜索的类型，分为【节点】、【组件】和【引用 UUID 的节点】三种类型。

（3）搜索文本框可以根据搜索类型来搜索所需的节点或者组件等。

●当单击【搜索】按钮，在弹出的下拉列表中选择【节点】类型时，可在搜索文本框中输入需要查找的节点名称。

●当单击【搜索】按钮，在弹出的下拉列表中选择【组件】类型时，搜索文本框中会出现 t: 符号，在后面输入需要查找的组件名称即可（例如 t:cc.Camera）。

●当单击【搜索】按钮，在弹出的下拉列表中选择【引用 UUID 的节点】类型时，搜索文本框中会出现 used: 符号，在后面输入需要查找的 UUID，即可搜索出使用该 UUID 的节点。

（4）╱╲ 按钮可以切换【层级管理器】节点的展开 / 折叠状态。

（5）面板主体是节点列表，可在这里用右键菜单或者拖曳操作对资源进行增删修改。

（6）节点前面的小三角 ▼ 用来切换节点树的展开 / 折叠状态。当用户按住 Alt/Option 键的同时单击该按钮时，除了执行这个节点自身的展开 / 折叠操作之外，还会同时展开 / 折叠该节点下的所有子节点。

2.3.1　创建节点

在【层级管理器】中有两种方法可以创建节点。

（1）单击左上角的【+】按钮，或右击鼠标并进入弹出的快捷菜单中的【创建节点】子菜单，在这个子菜单中可以选择不同的节点类型，包括精灵（Sprite）、文字（Label）、按钮（Button）等。

（2）从【资源管理器】中拖曳图片、字体或粒子等资源到【层级管理器】中，就能用选中的资源创建出相应的图像渲染节点。

2.3.2　删除节点

选中节点，执行右键菜单中的【删除】命令，或按 Delete 键（Windows）或按 Cmd + Backspace 组合键（Mac）即可删除选中的节点。若选中的节点包括子节点，那么子节点也会一起被删除，如图 2-16 所示。

2.3.3　建立和编辑节点层级关系

将节点 A 拖曳到节点 B 上，就使节点 A 成为节点 B 的子节点。与【资源管理器】类似，【层级管理器】也通过树状视图表示节点间的层级关系。单击节点左边的三角图标，即可展开或收起子节点列表。图 2-17 演示了通过鼠标拖动将 btn_cup2 节点作为 btn_cup1 的子节点。

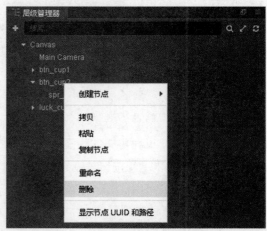

图 2-16

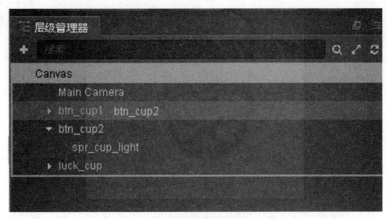

图 2-17

2.3.4 更改节点的显示顺序

除了将节点拖到另一个节点上来改变节点层级关系外，还可以拖曳节点上下移动来更改节点在列表中的排序。橙色的方框表示节点所属父节点的范围，绿色的线表示节点将会被插入的位置，如图 2-18 所示。

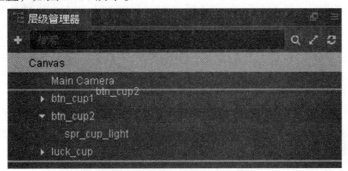

图 2-18

节点在列表中的排序决定了节点在场景中的显示次序。在【层级管理器】中，显示在下方的节点的渲染顺序是在上方节点的后面，即下方的节点是在上方节点之后绘制的，因而最下方的节点在【场景编辑器】中显示在最前方。

2.3.5 其他操作

右击节点弹出的快捷菜单中还包括下列命令。

（1）【拷贝】/【粘贴】。使用这两个命令可将节点复制到剪贴板上，然后可以粘贴到另外的位置，或打开另一个场景来粘贴刚才复制的节点。

（2）【复制节点】。该命令用来生成和选中节点完全相同的节点副本，生成节点和选中节点在同一层级中。

（3）【重命名】。该命令用来将节点改名。

（4）【显示节点 UUID 和路径】。在复杂的场景中，有时需要获取节点的完整层级路径，以便在脚本运行时访问该节点。选择这个命令，就可以在控制台中看到当前选中节点的路径以及节点的 UUID。

（5）【锁定节点】。选择该命令时，将鼠标指针移到节点上，左侧会有一个锁定按钮，如图 2-19 所示。节点锁定后无法在【场景编辑器】内选中该节点。

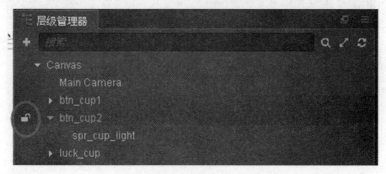

图 2-19

2.4 属性检查器

【属性检查器】（Properties）是查看并编辑当前选中节点和组件属性的工作区域。在【场景编辑器】或【层级管理器】中选中节点，就会在【属性检查器】中显示该节点的属性和节点上所有组件的属性以供查询和编辑，如图 2-20 所示。

图 2-20

2.4.1　节点名称和激活开关

在【属性检查器】中，左上角的复选框表示节点的激活状态。使节点处于非激活状态时，节点上所有与图像渲染相关的组件都会被关闭，整个节点包括子节点都会被有效地隐藏。

节点激活开关右边显示的是节点的名称，和【层级管理器】中的节点名称一致。

2.4.2　节点属性

在【属性检查器】中，节点属性排列在 Node 面板中，单击 Node 标签可以将节点属性折叠或展开。Node 标题右侧有一个节点设置按钮，可以重置节点属性或者修改所有组件属性，或者粘贴复制的组件。

节点的属性除了位置（Position）、旋转（Rotation）、缩放（Scale）、尺寸（Size）等变换属性以外，还包括锚点（Anchor）、颜色（Color）、不透明度（Opacity）、倾角（Skew）等，修改节点的属性通常可以立刻在场景编辑器中看到节点的外观或位置的变化。

2.4.3　组件属性

在 Node 面板下方，列出了节点上挂载的所有组件和组件的属性。和节点属性一样，单击组件的名称就会切换该组件属性的折叠 / 展开状态。在节点上挂载了很多组件的情况下，可以通过折叠不常修改的组件属性来获得更大的工作区域。组件名称的右侧有【帮助文档】和【组件设置】按钮，单击【帮助文档】按钮可以跳转到与该组件相关的文档介绍页面，单击【组件设置】按钮可以对组件执行移除、重置、上移、下移、复制、粘贴等操作。

用户通过脚本创建的组件，其属性是由脚本声明的。不同类型的属性在【属性检查器】中有不同的控件外观和编辑方式，将在"声明属性"一节中详细介绍属性的定义方法。

2.4.4　编辑属性

属性是组件脚本中声明的公开并可被序列化存储在场景和动画数据中的变量。通过【属性检查器】可以快捷地修改属性，达到不需要编程就可以调整游戏数据和玩法的目的。

通常可根据变量使用的内存位置不同将属性分为值类型和引用类型两大类。

1. 值类型属性

值类型包括数字、字符串、枚举等简单的占用很少内存的变量类型，编辑面板如图 2-21 所示。

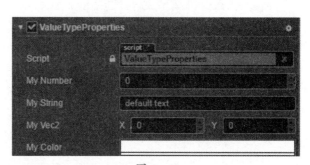

图 2-21

（1）数值（Number）。可以直接使用键盘输入，也可以单击文本框旁边的上下箭头逐步增减属性值。

（2）向量（Vec2）。向量的控件是两个数值输入组合在一起，并且文本框中会以 X、Y 标识每个数值对应的子属性名。

（3）字符串（String）。直接在文本框中用键盘输入字符串，字符串输入控件分为单行和多行两种，多行文本框可以按 Enter 键换行。

（4）布尔（Boolean）。以复选框的形式来编辑，选中状态表示属性值为 true，非选中状态表示属性值为 false。

（5）枚举（Enum）。以下拉菜单的形式编辑，单击枚举菜单，然后从弹出的列表中选择一项，即可完成枚举值的修改。

（6）颜色（Color）。单击颜色属性预览框，可以在弹出的【颜色选择器】窗口里用鼠标选择需要的颜色，或在下面的 RGBA 颜色输入框中输入指定的颜色。然后单击窗口以外任何位置关闭窗口，并以最后选定的颜色作为属性颜色。

2. 引用类型属性

引用类型包括更复杂的对象，比如节点、组件或资源等。引用类型通常只有一种编辑方式：拖曳节点或资源到属性栏中，界面如图 2-22 所示。

引用类型的属性在初始化后其值会显示 None，因为无法通过脚本为引用类型的属性设置初始值。这时可以根据属性的类型将相应类型的节点或资源拖曳上去，即可完成引用赋值。

需要拖曳节点来赋值的属性栏上会显示白色的标签，标签上如果显示 Node，表示任意节点都可以拖曳上去；或者标签显示组件名，如 Sprite、

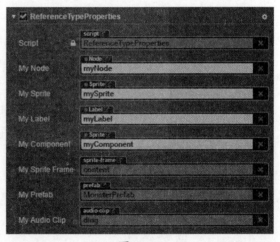

图 2-22

Animation 等，则表示需要拖曳挂载了相应组件的节点来赋值。

需要拖曳资源赋值的属性栏上会显示蓝色标签，标签上显示的是资源类型，如 sprite-frame、prefab、font 等，只要从【资源管理器】中拖曳相应类型的资源过来就可以完成赋值。

注意：脚本文件也是一种资源，所以图 2-22 中最上面表示组件使用的脚本资源引用属性也是用蓝色标签表示的。

2.5 控件库

控件库是一个非常简单直接的可视化控件仓库，可以将这里列出的控件拖曳到【场

景编辑器】或【层级管理器】中，快速完成预设控件的创建。

使用默认窗口布局时，控件库会默认显示在编辑器中，如果之前使用的编辑器布局中没有包括控件库，可以通过主菜单的【面板】→【控件库】选项来打开控件库，并拖曳它到编辑器中的任意位置。

目前，控件库包括两个类别，由两个分页栏表示，如图 2-23所示。

图 2-23

2.5.1 内置控件

图 2-23列出了所有编辑器内置的控件，通过拖曳这些控件到场景中，可以快速生成包括默认资源的精灵（Sprite）、包含背景图和文字标题的按钮（Button），以及已经配置好内容和滚动条的滚动视图（ScrollView）等。

控件库里包含的控件内容和主菜单中【节点】菜单里可添加的预设节点是一致的，但通过控件库创建新节点更加方便快捷。

后续随着更多功能的添加，控件库里的节点类型也会不断补充增加。

2.5.2 自定义控件

自定义控件可以收集用户自己建立的预制资源（Prefab），方便重复多次创建和使用，如图 2-24所示。

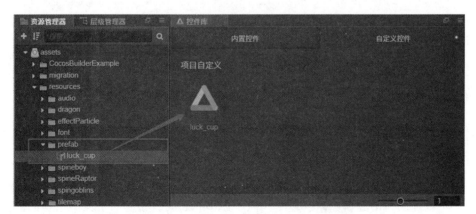

图 2-24

要添加自定义的预制控件，只需要从【资源管理器】中拖曳相应的预制资源（Prefab）到自定义控件分页，再右击自定义控件中的元素，从弹出的快捷菜单中选择【重命名】、

【从控件库中删除该控件】以及【更换控件图标】等进行操作。

2.6 控制台输出

控制台（Console）会显示报错、警告或其他 Cocos Creator 编辑器和引擎生成的日志信息，不同重要级别的信息会以不同颜色显示，如图 2-25 所示。

图 2-25

2.6.1 日志等级

（1）日志（Log）。灰色文字，通常用来显示正在进行的操作。

（2）提示（Info）。蓝色文字，用来显示重要提示信息。

（3）成功（Success）。绿色文字，表示当前执行的操作已成功完成。

（4）警告（Warn）。黄色文字，用来提示用户最好进行处理的异常情况，但不处理也不会影响运行。

（5）报错（Error）。红色文字，表示出现了严重错误，必须解决才能进行下一步操作或运行游戏。

2.6.2 Console 设置以及功能

当控制台中信息量很大时，可以通过控制台中的控件来有效地过滤信息，这些操作具体如下。

（1）清除 ⊘ 。清除控制台面板中的所有当前信息。

（2）过滤输入 ▇▇▇▇▇▇ 。根据输入的文本过滤控制台中的信息，如果勾选了旁边的【正则】复选框，输入的文本会被当作正则表达式来匹配文本。

（3）信息级别 All ▾ 。可以在这个下拉菜单里选择某一种信息级别，从日志级到报错级，选择后控制台中将只显示指定级别的信息。默认的选项 All 表示所有级别的信息都会显示。

（4）切换字体 工 14▾ 。这个下拉菜单可以调整控制台的字体大小。

（5）合并同类信息 合并 。该选项处于激活状态时，相同而重复的信息会被合并，在信息旁边会以黄色数字提示有多少条同类信息被合并了。

2.6.3　查看日志

（1）打开日志文件。单击  按钮可以打开日志文件。

（2）查看日志信息。如果日志含有调用堆栈信息或详细信息，则会在日志左侧显示一个小三角，单击该小三角可以查看隐藏的信息。

（3）复制日志。按下鼠标并拖选日志文本，再按 Ctrl +C 组合键（Windows）或 Command + C 组合键（Mac）就可以复制选中的文本，以便粘贴到其他地方使用。

2.7　设置

【设置】面板中提供各种编辑器个性化的全局设置，由几个不同分页组成，将各种设置分为以下几类，如图 2-26 所示。要打开【设置】面板，可执行【文件】→【设置】主菜单命令，修改设置后单击【保存】按钮。

图 2-26

2.7.1　常规

【常规】选项卡中的各个选项说明如下。

（1）【编辑器语言】。可以选择中文或英文，修改语言设置后要重新启动 Cocos Creator 才能生效。

（2）【默认层级管理器节点折叠状态】。切换层级管理器节点树中所有子节点的默认状态，有【全部展开】、【全部折叠】、【记住上一次状态】三个选项。

（3）【选择本机 IP 地址】。用户可以在本机有多个 IP 地址的情况下，手动选择其中之一作为预览时的默认地址和二维码地址。其下拉列表会列出所有本机的 IP，也可以选择【自动】选项让编辑器自动挑选一个 IP。

（4）【构建日志是否在控制台显示】。选中此项时，构建发布原生项目的过程日志会直接显示在【控制台】面板里。非选中状态时，构建发布原生项目的日志会保存在 %USER/.CocosCreator/logs/native.log 中，也可以通过控制台左上角日志按钮的【Cocos Console 日志】选项打开这个文件。

（5）【数值调节钮步长】。在【属性检查器】里，所有数值文本框的旁边都有一组上下箭头，用于输入步进数值，如图 2-27 所示。

图 2-27

当鼠标指针悬浮在数值属性的名称附近时，光标会变成  形状，然后左右拖动鼠标，也可以按照一定的步进幅度连续增加或减小数值。

以上两种修改数值的方式，默认的步长都是 0.1，而【数值调节钮步长】设置的就是每次单击步进钮或拖曳鼠标时数值变化的步长幅度。举例来说，如果在脚本中使用的数字以整数为主，就可以把步长设置为 1，方便进行调节。

注意：修改步长后要刷新编辑器窗口（按 Ctrl 键或 Cmd + R 组合键），设置的步长才会生效。

（6）【meta 文件备份时显示确认框】。设置当 meta 文件所属的资源丢失时是否弹出对话框提示备份或删除 meta 文件。如果选择备份，可以在稍后手动恢复资源，并将 meta 文件手动复制回项目 assets 目录，防止资源相关的重要设置（如场景、prefab）丢失。

（7）【导入图片时自动剪裁】。设置导入图片时是否自动裁剪掉图片的透明像素。不管默认选择如何，导入图片之后可以在图片资源上手动设置裁剪选项。

（8）【默认开启 Prefab 自动同步模式】。设置新建 prefab 时是否自动开启 prefab 资源上的【自动同步】选项。开启自动同步后，修改 prefab 资源时会自动同步场景中所有该 prefab 的实例。

（9）【HTTP 代理服务器】。用于下载 Facebook 的 SDK，如可以正常下载，则不需要设置。

2.7.2 数据编辑

这一类别用来设置脚本和资源的默认打开方式，界面如图 2-28 所示。其中的各个选项说明如下。

（1）【自动编译脚本】。该复选框用来设置是否自动监测项目中脚本文件的变化，并自动

图 2-28

触发编译。如果关闭【自动编译脚本】选项，可以通过执行菜单命令【开发者】→【手动编译脚本】或按 F7 键来编译。

（2）【外部脚本编辑器】。在这个选项组可以选用任意外部文本编辑工具的可执行文件作为【资源管理器】里脚本文件的打开方式。可以单击【浏览】按钮选择偏好的文本编辑器的可执行文件，也可以单击【移除】按钮来切换脚本编辑器。不推荐使用内置脚本编辑器。

（3）【外部图片编辑器】。和上面的选项类似，这里用来设置在【资源管理器】中双击图片文件时，默认打开图片用的应用程序路径。

2.7.3　原生开发环境

这个分类用于设置构建发布到原生平台（iOS、Android、Mac、Windows）时，所需的开发环境路径，其界面如图 2-29 所示。其中各个选项说明如下。

图 2-29

（1）【使用内置的 JavaScript 引擎】。此复选框用来设置是否使用 Cocos Creator 安装路径下自带的引擎路径作为 JavaScript 引擎路径。这个引擎用于场景编辑器里场景的渲染、内置组件的声明和其他 Web 环境下的引擎模块。

（2）【JavaScript 引擎路径】。除了使用系统自带的引擎外，也可以前往引擎库去克隆或 fork 一份引擎到本地的任意位置进行定制，然后取消选中【使用内置的 JavaScript 引擎】复选框，再设置 JavaScript 引擎到定制好的路径，就可以在编辑器中使用了。

（3）【使用内置 Cocos2d-x 引擎】。此复选框用来设置是否使用 Cocos Creator 安装路径下自带的 Cocos2d-x 路径作为 Cocos2d-x C++ 引擎路径。这个引擎用于所有原生平台（iOS、Android、Mac、Windows）的工程构建和编译。

（4）【Cocos2d-x 引擎路径】。取消选中【使用内置 Cocos2d-x 引擎】复选框后，就可以手动指定 Cocos2d-x 的路径了。注意这里使用的 Cocos2d-x 引擎必须从 Cocos2d-x-lite 或该仓库的 fork 下载。

（5）【WechatGame 程序路径】。此选项组用来设置 WechatGame 程序路径，详情见"发布到微信小游戏"。

（6）【NDK 路径】。此选项组用来设置 NDK 路径，详见"安装配置原生开发环境"。

（7）【Android SDK 路径】。此选项组用来设置 Android SDK 路径，详见"安装配置原生开发环境"。

2.7.4　预览运行

在【预览运行】选项页，可以设置的各种选项如图 2-30 所示。分别介绍如下。

图 2-30

（1）【自动刷新已启动的预览】。设置当已经有浏览器或模拟器在运行场景时，保存场景或重新编译脚本后是否需要刷新这些正在预览的设备。

（2）【预览使用浏览器】。可以从下拉列表中选择系统默认的浏览器，或单击【浏览】按钮手动指定一个浏览器的路径。

（3）【模拟器路径】。从 v1.1.0 版开始，Cocos Creator 中使用的 Cocos 模拟器会放置在 Cocos2d-x 引擎路径下。在使用定制版引擎时，需要自己编译模拟器到引擎路径下。单击【打开】按钮可以在文件系统中打开当前指定的模拟器路径，方便调试时定位。

（4）【模拟器横竖屏设置】。此下拉列表框用来指定模拟器运行时是横屏显示还是竖屏显示。

（5）【模拟器分辨率设置】。从该选项预设的设备分辨率中选择一个作为模拟器分辨率。

（6）【模拟器自定义分辨率设置】。如果预设的分辨率不能满足要求，可以手动输入屏幕宽、高来设置模拟器分辨率。

（7）【开启模拟器调试界面】。选中该复选框，在模拟器预览项目时将自动打开调试窗口（v2.0.7 新增）。

（8）【等待调试器连接】。选中【开启模拟器调试界面】复选框后会开启该项，作用是暂停启动过程直至调试器连接完成，用于调试加载过程（v2.0.7 新增）。

2.8 项目设置

【项目设置】面板通过执行【项目】→【项目设置】主菜单命令打开，这里包括所有特定项目相关的设置。设置会保存在项目的 settings/project.json 文件里。如果需要在不同开发者之间同步项目设置，可将 settings 目录加入到版本控制。

2.8.1 分组管理

目前项目设置中的分组管理主要为碰撞体系统提供分组支持，如图 2-31 所示，详情可参考"碰撞分组管理"。

图 2-31

2.8.2 模块设置

模块设置针对发布 Web 版游戏时引擎中使用的模块进行裁剪，以达到减小发布版引擎包体的效果，如图 2-32 所示。列表中选中的模块在打包时将被引擎包含，未选中的模块会被裁剪掉。

设置裁剪能够大幅度减小引擎包体，建议打包后进行完整的测试，避免在场景和脚本中使用裁剪掉的模块。

图 2-32

2.8.3 项目预览

【项目预览】选项页提供的选项和【设置】面板中的【预览运行】选项页内容类似，用于设置初始预览场景、默认 Canvas 设置等，如图 2-33 所示，但只对当前项目生效。

图 2-33

1. 初始预览场景

指定单击【预览运行】按钮时，会打开项目中的哪个场景。如果设置为【当前打开场景】选项，就会运行当前正在编辑的场景。此外，也可以设置成一个固定的场景（比如项目总是需要从登录场景开始游戏）。

2. 默认 Canvas 设置

默认的 Canvas 设置包括设计分辨率和适配屏幕宽度 / 高度，用于规定在新建场景或 Canvas 组件时，Canvas 中默认的设计分辨率数值，以及适配屏幕高度、宽度选项。

3. 模拟器设置类型

用于设置模拟器预览分辨率和屏幕朝向。当这个选项设为【全局】时，会使用【设置】里的模拟器分辨率和屏幕朝向设置。当设为【项目】时，会显示以下模拟器设置：

（1）模拟器横竖屏设置；

（2）模拟器分辨率设置；

（3）模拟器自定义分辨率。

2.8.4 自定义引擎

设置使用本地定制的 Cocos2d-x-lite 引擎路径。

2.8.5 服务

集成 Cocos 数据统计，允许游戏发布后统计玩家数据。

2.9 Cocos Creator 的主菜单

Cocos Creator 的主菜单包括软件信息、设置、窗口控制等命令及选项。

2.9.1 文件

【文件】菜单中包括场景文件的打开和保存、从其他项目导入场景和资源等命令。

（1）【打开项目】。该命令用于关闭当前打开的项目，并打开 Dashboard【最近打开项目】的分页。

（2）【在新窗口中打开项目】。选择该命令不关闭当前打开的项目，并打开 Dashboard 最近打开的项目。

（3）【打开最近的资源】。用于打开最近打开过的资源，如场景 fire 文件、prefab 预制体等。

（4）【新建场景】（快捷键为 Ctrl/Command + N）。选择该命令将关闭当前场景并创建一个新场景，新创建的场景需要手动保存才会添加到项目路径下。

（5）【保存场景】（快捷键为 Ctrl/Command + S）。选择该命令将保存当前正在编辑的场景，如果是使用【新建场景】菜单命令创建的场景，在第一次保存时会弹出对话框，选择场景文件保存的位置并输入文件名。场景文件以 *.fire 作为扩展名。

（6）【资源导入】。此命令用于将 Creator 导出的资源导入当前项目中。

（7）【资源导出】。此命令用于导出项目中的资源。

（8）【设置】。打开【设置】面板，设置编辑器的个性化选项。

（9）【退出】（快捷键为 Ctrl/Command + Q）。选择此命令将退出编辑器。

（10）【导入项目】。选择此命令，将从其他场景和 UI 编辑工具中导入场景和项目资源。

2.9.2 编辑

【编辑】菜单包括撤销、重做、拷贝、粘贴等常用编辑命令。

（1）【撤销】（快捷键为 Ctrl/Command + Z）。选择此命令，将撤销上一次对场景的修改。

（2）【重做】（快捷键为 Shift + Ctrl/Command + Z）。选择此命令将重新执行上一次撤销的对场景的修改。

（3）【拷贝】（快捷键为 Ctrl/Command + C）。选择此命令将复制当前选中的节点或字符到剪贴板。

（4）【粘贴】（快捷键为 Ctrl/Command + V）。选择此命令将粘贴剪贴板中的内容到场景或属性输入框中。

（5）【选择全部】（快捷键为 Ctrl/Command + A）。选择此命令，焦点在场景编辑器内为选中所有节点，焦点在控制台则选中所有的日志信息。

2.9.3 节点

通过【节点】菜单可以创建节点，并控制节点到预制的转化。

（1）【对齐到编辑器视角】（快捷键为 Ctrl + Shift + F）。选中场景中一个节点，执行此命令会将节点的位置移动到当前场景视图的中央。

（2）【还原成普通节点】。选中场景中一个预制节点，执行此命令会将预制节点转化成普通节点。

（3）【关联节点到预制】。同时选中场景中的一个节点和【资源管理器】中的一个预制（prefab），然后执行此命令，即可关联选中的节点和预制。

（4）【创建空节点】。在场景中创建一个空节点，如果执行该命令前场景中已经选中一个节点，新建的节点会成为选中节点的子节点。

（5）【创建渲染节点】。执行此命令可创建预设好的包含渲染组件的节点，关于渲染组件的使用方法可参考"图像和渲染组件"一章。

（6）【创建 UI 节点】。执行此命令可创建预设好的包含 UI 组件的节点，详情可参考"UI 系统"一章。

（7）【创建 3D 节点】。执行此命令可创建 3D 节点，如长方体、胶囊等基本的模型。

（8）【创建 Camera】。执行此命令可创建摄像机。

（9）【创建灯光】。执行此命令可创建光源，如平行光、点光源等。

2.9.4　组件

通过【组件】菜单在当前选中的节点上添加各类组件。

（1）【渲染组件】。选择此命令将添加如精灵、文本标签等组件。

（2）【Mesh 组件】。选择此命令将添加网格等组件菜单。

（3）【UI 组件】。选择此命令将添加 Button 按钮、进度条等组件。

（4）【碰撞组件】。选择此命令将添加 Box 或圆形等物理碰撞器。

（5）【物理组件】。选择此命令将添加物理相关组件，如刚体等。

（6）【其他组件】。包括动画、音源、拖尾等组件。

（7）【用户脚本组件】。这里可以添加用户在项目中创建的脚本组件。

2.9.5　项目

通过【项目】菜单可以运行、构建项目，以及进行项目专用个性化配置。

（1）【运行预览】（快捷键为 Ctrl/Command + P）。选择此命令将在浏览器或模拟器中运行项目。

（2）【刷新已运行的预览】（快捷键为 Shift + Ctrl/Command + P）。选择此命令将刷新已经打开的预览窗口。

（3）【构建发布】（快捷键为 Shift + Ctrl/Command + B）。选择此命令将打开【构建发布】面板。

（4）【项目设置】。选择此命令将打开【项目设置】面板。

2.9.6　面板

（1）【资源管理器】（快捷键为 Ctrl/Command + 2）。选择此命令将打开【资源管理器】面板。

（2）【服务】（快捷键为 Ctrl/Command + 7）。选择此命令将打开【服务】面板。

（3）【控制台】（快捷键为 Ctrl/Command + 0）。选择此命令将打开【控制台】面板。

（4）【游戏预览】（快捷键为 Ctrl/Command + 8）。选择此命令将打开【层级管理器】面板。

（5）【层级管理器】（快捷键为 Ctrl/Command + 4）。选择此命令将打开【层级管理器】面板。

（6）【属性检查器】（快捷键为 Ctrl/Command + 3）。选择此命令将打开【属性检查器】面板。

（7）【控件库】（快捷键为 Ctrl/Command + 5）。选择此命令将打开【控件库】面板。

（8）【场景编辑器】（快捷键为 Ctrl/Command + 1）。选择此命令将打开【场景编辑器】面板。

（9）【动画编辑器】（快捷键为 Ctrl/Command + 6）。选择此命令将打开【动画编辑器】面板。

2.9.7　布局

从预设编辑器布局中选择一个：

（1）默认布局；

（2）竖屏布局；

（3）经典布局。

2.9.8　扩展

和扩展插件相关的菜单项。

（1）【创建新扩展插件】。

●全局扩展（安装在用户目录下）；

●项目专用扩展（安装在项目路径下）。

（2）【扩展商店】。打开扩展商店，下载官方和社区提供的扩展插件。

2.9.9　开发者

脚本和编辑器扩展开发相关的菜单功能。

（1）【VS Code 工作流】。VS Code 代码编辑器的工作环境相关功能可阅读"代码编辑环境配置"一节（5.2 节）。

●更新 VS Code 智能提示数据。

●安装 VS Code 扩展插件。

●添加 TypeScript 项目配置。

●添加 Chrome Debug 配置。

●添加编译任务。

（2）【重新加载界面】。选择此命令将重新加载编辑器界面。

（3）【手动编译脚本】。选择此命令将触发脚本编译流程。

（4）【检视页面元素】。选择此命令将在开发者工具中检视编辑器界面元素。

（5）【开发者工具】。选择此命令将打开开发者工具窗口，用于编辑器界面扩展的开发。

2.9.10　帮助

（1）【搜索】（Mac 专属）。搜索特定菜单项。

（2）【使用手册】。选择此命令将在浏览器中打开用户手册文档。

（3）【API 文档】。选择此命令将在浏览器中打开 API 参考文档。

（4）【中文论坛】。选择此命令将在浏览器中打开 Cocos Creator 论坛。

（5）【更新日志】。引擎的修改日志地址（https://www.cocos.com/creator）。

（6）【引擎仓库】。引擎的仓库地址（https://github.com/cocos-creator/engine）。

（7）【关于 Cocos Creator】。选择此命令将显示 Cocos Creator 的版本和版权信息。

（8）【用户账号信息】。显示当前登录账号的信息，如"欢迎你，XXX"。

（9）【登出】。登出账号。

2.10　工具栏

工具栏位于编辑器主窗口的正上方，包含 5 组控制按钮或信息，用来为特定面板提供编辑功能或方便实施工作流，如图 2-34 所示。

图 2-34

2.10.1　选择变换工具

为【场景编辑器】提供编辑节点属性，包括如下功能。

（1）：移动变换工具。

（2）：旋转变换工具。

（3）：缩放变换工具。

（4）：矩形变换工具。

详情可阅读"2.2.3 使用变换工具布置节点"。

2.10.2　变换工具显示模式

使用以下两组按钮控制【场景编辑器】中变换工具的显示模式。

1. 位置模式

（1）锚点。变换工具将显示在节点锚点（Anchor）所在位置。

（2）中心点。变换工具将显示在节点中心点所在位置（受约束框大小影响）。

2. 旋转模式

（1）本地。变换工具的旋转（手柄方向）将和节点的旋转（Rotation）属性保持一致。

（2）世界。变换工具的旋转（手柄方向）保持不变，X 轴手柄、Y 轴手柄和世界坐标系方向保持一致。

2.10.3　运行预览游戏

该工具栏包括以下三个按钮。

（1）Simulator ▼　选择预览平台。单击下拉按钮设置预览平台为【模拟器】或者【浏览器】。

（2）▶　运行预览。单击后在浏览器中运行当前编辑的场景。

（3）C　刷新设备。在所有正在连接本机预览游戏的设备上重新加载当前场景（包括本机浏览器和其他链接本机的移动端设备）。

2.10.4　预览地址

192.168.54.42:7456 🛜 0　这里显示运行 Cocos Creator 的桌面计算机的局域网地址，连接同一局域网的移动设备可以访问这个地址来预览和调试游戏。数字表示连接的设备数量。

2.10.5　打开文件夹

（1）Open Project：打开项目文件夹。打开项目所在的文件夹。

（2）Open App：打开程序安装路径。打开程序的安装路径。

2.11　编辑器布局

编辑器布局是指 Cocos Creator 里各个面板的位置、大小和层叠情况。

选择主菜单中的【布局】命令，可以从预设的几种编辑器面板布局中选择最适合当前项目的布局。在预设布局的基础上，也可以继续对各个面板的位置和大小进行调节。对布局的修改会自动保存在项目所在文件夹下的 local/layout.windows.json 文件中。

2.11.1　调整面板大小

将鼠标指针悬浮在两个面板之间的边界线上，看到鼠标指针发生变化后，就可以按下鼠标左键拖动修改相邻两个面板的大小，鼠标拖动过程中，边界线为黄色的线，如图 2-35 所示。

图 2-35

部分面板设置了最小尺寸，当拖曳到最小尺寸后就无法继续缩小面板了。

2.11.2　移动面板

单击面板的标签栏并拖曳，可以将面板整个移动到编辑器窗口中的任意位置。红框表示可拖曳的标签栏区域，箭头表示拖曳方向。移动面板的过程中，蓝色半透明的方框会指示松开鼠标后面板将会被放置的位置，如图2-36所示。

图 2-36

2.11.3　层叠面板

除了移动面板位置，拖曳标签栏的时候还可以将其移动到另一个面板的标签栏区域，如图2-37所示。

图 2-37

当目标面板的标签栏显示为橙色时松开鼠标，就能够将两个面板层叠在一起，同时只能显示一个面板，如图 2-38 所示。

图 2-38

层叠面板在桌面分辨率不足或排布使用率较低的面板时非常实用。层叠中的面板可以随时拖曳出来，恢复永远在最上层的显示。

2.12 预览和构建

在使用主要编辑器面板进行资源导入、场景搭建、组件配置、属性调整之后，接下来就可以通过预览和构建来查看游戏在 Web 或原生平台运行的效果。

2.12.1 选择预览平台

在游戏开发过程中可以随时单击编辑器窗口正上方的【预览】按钮，来查看游戏实际运行情况。在【预览】下拉菜单中可以设置预览平台是模拟器或浏览器，如图 2-39 所示。

图 2-39

注意：当前必须有打开的场景才能预览游戏内容，在没有打开任何场景，或者新建了一个空场景的情况下，预览是看不到任何内容的。

2.12.2 模拟器

选择【模拟器】后运行预览，将会使用 Cocos Simulator（桌面模拟器）运行当前的游戏场景。此时，脚本中的日志信息（使用 cc.log 打印的内容）和报错信息会出现在【控制台】面板中，如图 2-40 所示。

图 2-40

2.12.3 浏览器

选择【浏览器】后预览游戏，会在用户默认的桌面浏览器中直接运行游戏的网页版本，如图 2-41 所示。

图 2-41

浏览器预览界面的最上边有一系列控制按钮可以对预览效果进行控制。最左边选择预览窗口的比例大小，来模拟在不同移动设备上的显示效果。

（1）Rotate 按钮：决定显示横屏还是竖屏。

（2）Debug Mode：可以选择脚本中哪些级别的日志会输出到浏览器控制台中。

（3）Show FPS 按钮：可以选择是否显示每秒帧数和 Drawcall 数量等调试信息。

（4）FPS：限制最高每秒帧数。

（5）Pause：暂停游戏。

（6）Recompile：重新编译项目脚本。

2.12.4　浏览器兼容性

Cocos Creator 开发过程中测试的桌面浏览器包括 Chrome、Firefox（火狐）、IE11 等，其他浏览器只要内核版本够高也可以正常使用，对于部分浏览器来说请勿开启 IE6 兼容模式。

移动设备上测试的浏览器包括 Safari（iOS）、Chrome、QQ 浏览器、UC 浏览器、百度浏览器、微信内置 Webview 等。

2.12.5　构建发布

预览和调试之后，如果对游戏效果比较满意，就可以通过执行主菜单命令【项目】→【构建发布】，打开【构建发布】面板，将游戏打包发布到目标平台上，包括 Web、iOS、Android、各类"小游戏"、PC 客户端等。

注意：使用模拟器运行游戏的效果和最终发布到原生平台的效果可能会有一定差别，对于任何重要的游戏功能，都以构建发布后的版本来作最终的测试。

2.13　本章小结

本章介绍了 Cocos Creator 的编辑器基础，是读者学习使用 Cocos Creator 制作游戏必须掌握的知识。本章首先介绍了资源管理器，这里保存了游戏设计的索引资源，如图片、音频、脚本等，然后介绍了场景编辑器和层级管理器、属性检查器、控制台、设置、项目设置、菜单、工具栏和布局的配置等。通过对本章内容的学习，相信为后续的学习再次做好了准备。

第 3 章　场景制作的工作流程

场景是 Cocos Creator 中的重要资源，掌握场景的制作是制作游戏的必要条件，本章将向大家介绍 Cocos Creator 中场景制作的重要知识，包括节点、组件、坐标系统、节点层级和显示顺序，以及场景制作提高效率的技巧等。

3.1　节点和组件

Cocos Creator 的工作流程是以组件式开发为核心的，组件式架构也称作组件 - 实体系统（或 Entity-Component System），简单地说，就是以组合而非继承的方式进行实体的构建。

在 Cocos Creator 中，节点（Node）是承载组件的实体，通过将具有各种功能的组件（Component）挂载到节点上，使节点具有各式各样的表现和功能。接下来看看如何在场景中创建节点和添加组件。

3.1.1　创建节点

要最快速地获得一个具有特定功能的节点，可以通过【层级管理器】左上角的【创建节点】按钮进行创建。

下面以创建一个最简单的 Sprite（精灵）节点为例。单击【创建节点】按钮，然后在弹出的下拉菜单中选择【创建渲染节点】→【Sprite（精灵）】命令，如图 3-1 所示。

图 3-1

之后就可以在【场景编辑器】和【层级管理器】中看到新添加的 Sprite 节点了。将新节点命名为 New Sprite，表示这是一个主要由 Sprite 组件负责提供功能的节点。也可以尝试再次单击【创建节点】按钮，选择其他节点类型，可以看到它们的命名和表现会有所不同。

3.1.2 组件

节点具有一个游戏物体的基本属性，如位置、角度、缩放比例、锚点、大小、颜色、不透明度、所在的组等。

组件是完成某种功能的部件，例如，假设游戏中的一个角色穿了漂亮的衣服又拿了武器，那么人相当于节点，衣服和武器相当于组件，衣服组件给人提供了漂亮的视觉功能，而武器组件给人提供了可以防御或攻击敌人的功能。如果去掉了人（节点）的武器（组件）后，那么人就不具备射击敌人的功能了。

下面以最常用的 Sprite 组件为例进行介绍。

Sprite（精灵）组件可以简单地理解为一张美术人员做好的图片，若要将其显示出来，就要通过 Sprite 组件来进行。选中刚才创建的 New Sprite 节点，可以看到【属性检查器】中的显示，如图 3-2 所示。

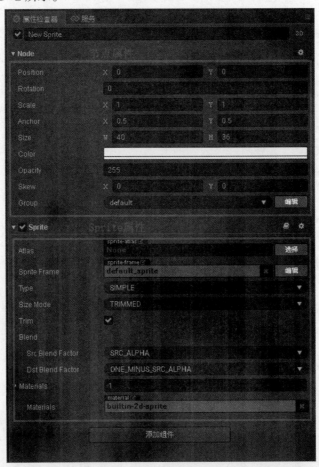

图 3-2

【属性检查器】中以 Node 标题开始的部分就是节点的属性，节点属性包括了节点的位置、旋转、缩放、尺寸等变换信息和锚点、颜色、不透明度等其他信息。以 Sprite 标题开始的部分就是 Sprite 组件的属性，在 2D 游戏中，Sprite 组件负责游戏中绝大部分图像的渲染。Sprite 组件最主要的属性就是 Sprite Frame，可以在这个属性中指定 Sprite 在游戏中渲染的图像文件。从【资源管理器】中拖曳任意一张图片到【属性检查器】的 Sprite Frame 属性中，可以看到刚才的默认 Sprite 图片变成了指定的图片，如图 3-3 所示。这就是 Sprite 组件的作用：渲染图片。

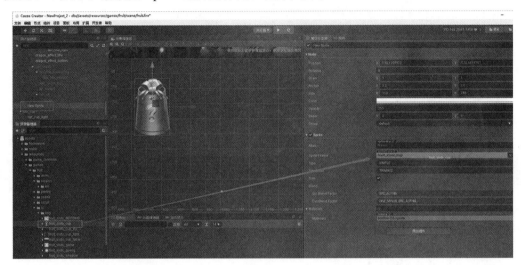

图 3-3

3.1.3　节点属性对 Sprite 组件的影响

节点和 Sprite 组件进行组合之后，就可以通过修改节点属性来控制图片渲染的方式。按照图 3-4 中红线标记属性的设置对节点进行调整，可以看到图片的旋转、比例、颜色和不透明度都发生了变化。

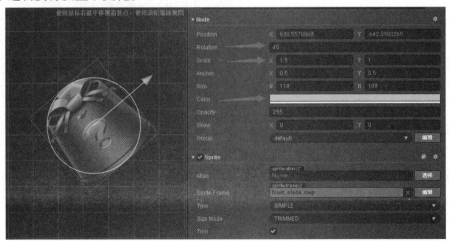

图 3-4

图 3-5 中展示了节点和 Sprite 组件的组合。

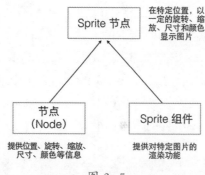

图 3-5

3.1.4 节点颜色（Color）和不透明度（Opacity）属性

图 3-4 中节点的【颜色（Color）】属性和【不透明度（Opacity）】属性直接影响了 Sprite 组件对图片的渲染。颜色和不透明度同样会影响【文字（Label）】这样的渲染组件的显示。

颜色和不透明度会和渲染组件本身的渲染内容进行相乘，来决定每像素渲染时的颜色和不透明度。此外，【不透明度（Opacity）】属性还会作用于子节点，可以通过修改父节点的 Opacity 轻松实现一组节点内容的淡入淡出效果。

3.1.5 添加其他组件

在一个节点上可以添加多个组件，来为节点添加更多功能。我们可以继续选中 New Sprite 这个节点，单击【属性检查器】面板下面的 Add Component 按钮，选择【UI 组件】→ Button 选项来添加一个 Button（按钮）组件。

之后可以对 Button 组件的属性进行设置（具体的颜色属性可以根据爱好自由设置），如图 3-6 所示。

最后单击工具栏上面的【运行预览】按钮，并在浏览器运行窗口中将鼠标悬停在图片上，可以看到图片的颜色发生了变化，这表示为节点添加的 Button 组件行为生效了。

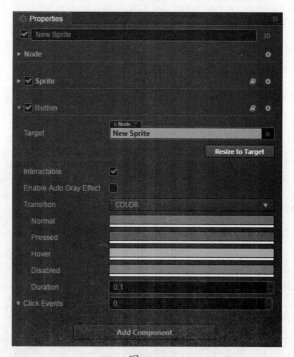

图 3-6

3.1.6 本节小结

在本节的例子里，先是将 Sprite 组件和节点组合，即有了可以指定渲染图片资源的场景图像；接下来修改节点属性，能够对这个图像进行缩放和颜色等不同方式的显示，又为这个节点添加了 Button 组件，让该节点具有了按钮的不同状态（普通、悬停、按下等）的行为。这就是 Cocos Creator 中组件式开发的工作流程，可以用这样的方式将不同功能组合在一个节点上，实现如主角的移动攻击控制、背景图像的自动卷动、UI 元素的排版和交互功能等复杂目标。

注意：一个节点上只能添加一个渲染组件，渲染组件包括 Sprite（精灵）、Label（文字）、Particle（粒子）等。

3.2 坐标系和节点变换属性

本节将深入了解节点所在场景空间的坐标系，以及节点的位置（Position）、旋转（Rotation）、缩放（Scale）、尺寸（Size）四大变换属性的工作原理。

3.2.1 Cocos Creator 坐标系

我们已经知道可以为节点设置位置属性，那么有着特定位置属性的节点在游戏运行时将会呈现在屏幕上的什么位置呢？就像地图上有了经度和纬度才能进行卫星定位。这里也要先了解 Cocos Creator 的坐标系，才能理解节点位置的意义。

1. 笛卡儿坐标系

Cocos Creator 的坐标系和 Cocos2d-x 引擎坐标系完全一致，而 Cocos2d-x 和 OpenGL 坐标系相同，都是起源于笛卡儿坐标系。笛卡儿坐标系中定义右手系原点在左下角，X 向右，Y 向上，Z 向外，如图 3-7 所示。

2. 屏幕坐标系和 Cocos2d-x 坐标系

标准屏幕坐标系使用和 OpenGL 不同的坐标系，和 Cocos2d-x 坐标系有很大区别。

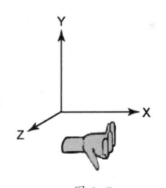

图 3-7

在 iOS、Android 等平台用原生 SDK 开发应用时使用的是标准屏幕坐标系，原点在屏幕左上角，X 向右，Y 向下。

Cocos2d-x 坐标系和 OpenGL 坐标系一样，原点在屏幕左下角，X 向右，Y 向上，如图 3-8 所示。

图 3-8

3. 世界坐标系和本地坐标系

世界坐标系（World Coordinate）也叫作绝对坐标系，在 Cocos Creator 游戏开发中表示场景空间内的统一坐标体系，"世界"表示游戏场景。

本地坐标系（Local Coordinate）也叫相对坐标系，是和节点相关联的坐标系。每个节点都有独立的坐标系，当节点移动或改变方向时，和该节点关联的坐标系将随之移动或改变方向。

Cocos Creator 中的节点之间可以是父子关系的层级结构，修改节点的【位置（Position）】属性，设定的节点位置是该节点相对于父节点的本地坐标系，而非世界坐标系。最后，在绘制整个场景时 Cocos Creator 会把这些节点的本地坐标映射成世界坐标系坐标。

要确定每个节点坐标系的作用方式，还需要了解锚点的概念。

3.2.2 锚点

锚点（Anchor）是节点的另一个重要属性，它决定了节点以自身约束框中的哪一个点作为整个节点的位置。选中节点后，看到的变换工具出现的位置，就是节点的锚点位置。锚点由 AnchorX 和 AnchorY 两个值表示，它们是通过节点尺寸计算锚点位置的乘数因子，范围都是 0～1。(0.5, 0.5) 表示锚点位于节点长度乘 0.5 和宽度乘 0.5 的地方，即节点的中心，如图 3-9 所示。

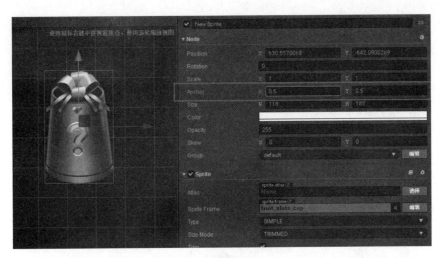

图 3-9

锚点属性设为 (0, 0) 时，锚点位于节点本地坐标系的初始原点位置，也就是节点约束框的左下角，如图 3-10 所示。

图 3-10

3.2.3　子节点的本地坐标系

锚点位置确定后，所有子节点就会以锚点所在位置作为坐标系原点，注意这个行为和 Cocos2d-x 引擎中的默认行为不同，是 Cocos Creator 坐标系的特色。

假设场景中节点的结构如图 3-11 所示，则按照以下的流程确定每个节点在世界坐标系中的位置。

（1）从场景根级别开始处理每个节点，NodeA 就是一个根级别节点。首先根据 NodeA 的【位置（Position）】属性和【锚点（Anchor）】属性，在世界坐标系中确定其显示位置和坐标系原点位置（和锚点位置一致）。

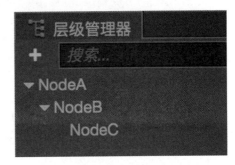

图 3-11

（2）根据 NodeB 的位置和锚点属性，在 NodeA 的本地坐标系中确定 NodeB 在场景空间中的位置和坐标系原点位置。

（3）继续按照层级高低依次处理每个节点在场景空间中的位置，都使用父节点的坐标系和自身位置锚点属性来确定。

3.2.4 变换属性

除了锚点之外，节点还包括 4 个主要的变换属性，界面如图 3-12 所示，下面依次介绍。

图 3-12

1. 位置

位置（Position）由 X 和 Y 两个属性组成，分别规定了节点在当前坐标系 X 轴和 Y 轴上的坐标。

子节点的位置是以父节点锚点为基准来偏移的，如图 3-13 所示。

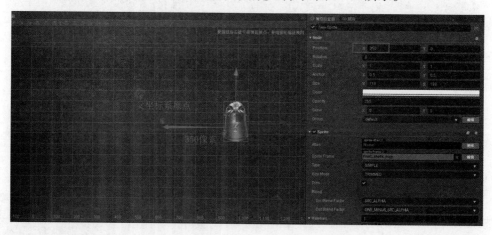

图 3-13

节点位置属性的默认值是（0，0），即新添加节点时，新节点总会出现在父节点的坐标系原点位置。Cocos Creator 中节点的默认位置为（0，0），默认锚点设为（0.5，0.5），子节点会默认出现在父节点的中心位置。这样在制作 UI 或组合玩家角色时能够对所有内容一览无余。

在【场景编辑器】中，可以随时使用【移动变换】工具来修改节点位置。

2. 旋转

旋转（Rotation）是另外一个会对节点本地坐标系产生影响的重要属性。旋转属性只有一个值，表示节点当前的旋转角度，角度值为正时，节点逆时针旋转；角度值为负时，节点顺时针旋转。

图 3-14 中所示的节点旋转（Rotation）属性设为了"30"度，可以看到节点本身逆时针旋转了 30 度。在【场景编辑器】中，可以随时使用【旋转变换】工具来修改节点旋转角度。

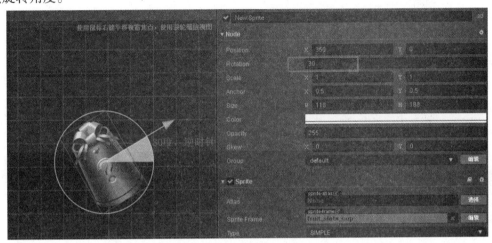

图 3-14

3. 缩放

缩放（Scale）属性也是一组乘数因子，由 ScaleX 和 ScaleY 两个值组成，分别表示节点在 X 轴和 Y 轴的缩放率。

图 3-15 中节点的缩放属性设为（0.5, 1.0），也就是将该节点在 X 轴方向缩小到原来的"0.5"，Y 轴保持不变。缩放属性会影响所有子节点。

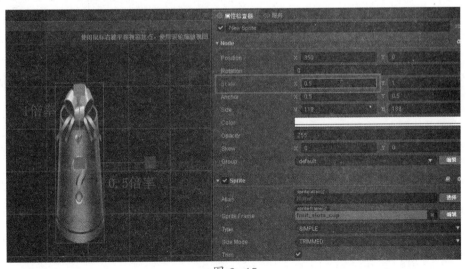

图 3-15

子节点上设置的缩放属性会和父节点叠加作用，子节点的子节点会将每一层级的缩放属性全部相乘来获得在世界坐标系下显示的缩放倍率，这一点和位置、旋转其实是一致的，只不过位置和旋转属性是相加作用，只有缩放属性是相乘，作用表现得更明显。

缩放属性是叠加在位置、尺寸等属性上作用的，修改缩放属性时，节点的位置和尺寸不会变化，但显示节点图像时会先将位置和尺寸等属性和缩放相乘，得出的数值才是节点显示的真实位置和大小。

在【场景编辑器】中，可以随时使用【缩放变换】工具来修改节点缩放属性。

4. 尺寸

尺寸（Size）属性由 Width（宽度）和 Height（高度）两个值组成，用来规定节点的约束框大小。对于 Sprite 节点来说，约束框的大小也就相当于显示图像的大小。

因此尺寸属性很容易和缩放属性混淆，两者都会影响 Sprite 图像的大小，但它们是通过不同的方式来影响图像实际显示大小的。尺寸属性和位置、锚点属性一起，规定了节点 4 个顶点所在位置，并由此决定由 4 个顶点约束的图像显示的范围。尺寸属性在渲染九宫格图像（Sliced Sprite）时有至关重要的作用。

缩放属性是在尺寸数值的基础上进行相乘，得到节点经过缩放后的宽度和高度。可以说在决定图像大小时，尺寸是基础，缩放是变量。另外，尺寸属性不会直接影响子节点的尺寸（但可以通过对齐挂件（Widget）间接影响，Widget 组件后续章节介绍），这一点和缩放属性有很大区别。在【场景编辑器】中，可以随时使用【矩形变换】工具来修改节点尺寸。

3.3 管理节点层级和显示顺序

通过前面的内容，我们了解了通过节点和组件的组合，能够在场景中创建各种图像、文字和交互元素等。当场景中的元素越来越多时，就需要通过节点层级来将节点按照逻辑功能归类，并按需要排列它们的显示顺序。

创建和编辑节点时，【场景编辑器】可以展示直观的可视化场景元素。而节点之间的层级关系则需要使用【层级管理器】来检查和操作。

通过【层级管理器】或运行时脚本的操作，建立的节点之间的完整逻辑关系，就叫作节点树。

下面通过图 3-16 和图 3-17 来展示什么是节点树。

图 3-16

图 3-16 所示为一个简单的游戏场景，包括背景图像、三个角色、标题文字、分数文字和开始游戏的按钮等。图中每个视觉元素都是一个节点，通常不会把所有节点平铺在场景上，而是按照一定的分类和次序组织成如图 3-17 所示的节点树。

3.3.1　节点本地坐标系

在前一节的本地坐标系相关介绍中，我们了解了节点父子关系的重要作用之一就是能够在本地坐标系中使用子节点的变换属性。

世界坐标系的原点在屏幕左下角，如果场景中所有节点都是平行排列，当需要将两个节点放在背景节点上面比较靠近中间的位置时，可以看到节点的位置属性如图 3-18 所示。

由于两个主要节点和背景节点没有任何关系，因此它们的位置都是在世界坐标系下，基本没有规律，当需要让节点在背景范围内移动时，就要计算出节点新的位置。

下面来看看借助节点父子关系和本地坐标系，把两个主要节点拖曳到 Parent 节点下面作为子节点，这时两个节点的位置属性会怎样变化。

由于 Parent 节点的锚点属性是（0.5，0.5），也

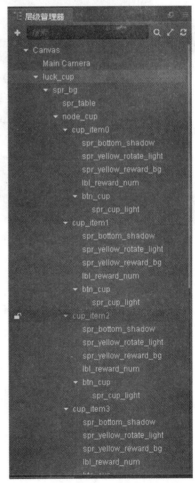

图 3-17

就是以中心点作为本地坐标系原点，所以靠近父物体中心摆放的两个子节点的位置现在

图 3-18

变成了（-100,0）和（100,0），如图 3-19 所示。

图 3-19

　　使用本地坐标系的位置信息能够直观地反映两个子节点的摆放逻辑，也就是"靠近背景中心左右对称摆放"。这样的工作方式能够更直接地体现设计师在搭建场景时的想法，在后续让节点在背景范围内运动的过程中，也更容易获得边界范围，比如父节点最右边的本地坐标，就是（parentNode.width / 2, 0）。

　　另外，当需要将一组节点作为一个整体进行移动、缩放、旋转时，节点的父子关系也可以让我们只关心父节点的变换操作，而不需要再去对子节点进行一一的遍历和计算。图 3-20 就是把上面例子里的父节点进行旋转和缩放的结果，可以看到子节点像印在父节点上一样，和父节点一起进行变换。

图 3-20

在游戏中我们经常会遇到由很多节点组合成的复杂角色,游戏控制这些角色互动时,
就需要这种基于父节点整体变换的功能。下面就来看看都有哪些基于逻辑关系的节点树
管理方式。

3.3.2　管理节点逻辑关系

在游戏中经常需要控制复杂的玩家角色，这种角色通常不会只由单个节点组成，例
如，图 3-21 中的英雄角色就由三个不同的部分组成。

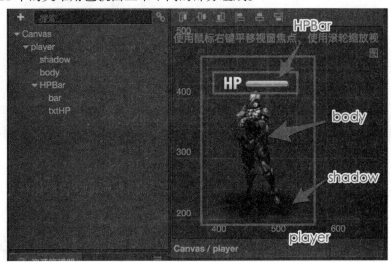

图 3-21

将英雄角色的 Sprite 图像显示和帧动画组件放在 body 节点上，将跟随角色移动的
阴影 Sprite 单独拿出来作为 shadow 节点，最后把负责生命值显示的进度条作为一组独
立功能的节点，形成自己的迷你节点树 HPBar。

图 3-21 中的例子就是典型的根据逻辑需要来组织节点关系。可以根据游戏逻辑操
作英雄角色节点的动画播放、左右翻转；根据角色当前血量访问 HPBar 节点来更新生
命值显示；最后用它们共同的父节点 player 来控制角色的移动，并且可以作为一个整体
被添加到其他场景节点中。

3.3.3 管理节点渲染顺序

在图 3-21 中，body 和 shadow 节点，在【层级管理器】中按照节点排列顺序依次渲染，也就是显示在列表上面的节点会被下面的节点遮盖住。body 节点在列表里出现在下面，因此实际渲染时会挡住 shadow 节点。

可以看到父节点永远是出现在子节点上面的，因此子节点永远都会遮盖住父节点，这点需要特别注意。这也是为什么必须把英雄角色 Sprite 单独分离出来作为 body 节点的原因，因为如果英雄的 Sprite 放在 player 节点上，就无法使英雄图像挡住他脚下的阴影了。

3.3.4 性能考虑

注意，虽然父节点可以用来组织逻辑关系甚至当作承载子节点的容器，但节点数量过多时，场景加载速度会受影响，因此在制作场景时应该避免出现大量无意义的节点，并尽可能合并相同功能的节点。

3.4 使用场景编辑器搭建场景

本节将介绍使用【场景编辑器】创建和编辑场景图像的工作流程和技巧。

3.4.1 使用 Canvas 作为渲染根节点

在开始添加节点之前，先简单了解一下新建场景后默认存在的 Canvas 节点的作用，以及如何从这里开始场景的搭建。

采用 Canvas 节点作为渲染根节点，将所有渲染相关的节点都放在 Canvas 下面，这样做有以下好处。

（1）Canvas 能提供多分辨率自适应的缩放功能，以 Canvas 作为渲染根节点能够保证我们制作的场景在更大或更小的屏幕上都保持较好的图像效果。

（2）Canvas 的默认锚点位置是（0.5, 0.5），加上 Canvas 节点会根据屏幕大小自动居中显示，所以 Canvas 下的节点会以屏幕中心作为坐标系的原点。这样的设置会简化场景和 UI 的设置（比如让按钮元素的文字默认出现在按钮节点的正中），也能让控制节点位置的脚本更容易编写。

3.4.2 逻辑节点的归属

游戏中除了有具体图像渲染任务的节点之外，还会有一部分节点只负责挂载脚本、执行逻辑，不包含任何渲染相关内容。通常将这些节点放置在场景根层级，和 Canvas 节点并列，如图 3-22 所示。

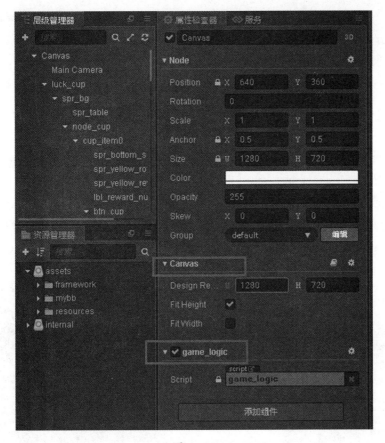

图 3-22

可以看到含有游戏主逻辑组件的 game_logic 节点放在了和 Canvas 平行的位置上，游戏逻辑入口全部使用 game_logic 进行初始化。

3.4.3　使用节点创建菜单快捷添加基本节点类型

当开始为场景添加内容时，一般会先单击【层级管理器】左上角的【+】按钮，弹出【创建节点】菜单。这个菜单的内容和主菜单中【节点】菜单里的内容一致，可以从中选择需要的基础节点类型并添加到场景中。

添加节点时，在【层级管理器】中选中的节点将成为新建节点的父节点，如果选中了一个折叠显示的节点然后通过菜单添加了新节点，要展开刚才选中的节点才能看到新加的节点。

1. 空节点

选择【创建节点】菜单中的【创建空节点】命令，创建一个不包含任何组件的节点。空节点可以作为组织其他节点的容器，也可以用来挂载用户编写的逻辑和控制组件。通过空节点和组件的组合，创造符合自己特殊要求的渲染控件的用法。

2. 渲染节点

【创建节点】菜单中下一个类别是【创建渲染节点】，这里能找到像 Sprite（精灵）、

Label（文字）、ParticleSystem（粒子）、Tilemap（瓦片图）等由节点和基础渲染组件组成的节点类型。

基础渲染组件是无法用其他组件的组合来代替的，因此单独归为渲染类别。要注意每个节点上只能添加一个渲染组件，重复添加会导致报错。但是可以通过将不同渲染节点组合起来的方式实现更复杂的界面控件，如下面 UI 类中的很多控件节点。

3. UI 节点

从【创建节点】菜单中的【创建 UI 节点】类别里可以创建包括 Button（按钮）、Widget（对齐挂件）、Layout（布局）、ScrollView（滚动视图）、EditBox（输入框）等节点在内的常用 UI 控件。

UI 节点大部分都是由渲染节点组合而成的，如创建 Button 节点，可以包含一个包含 Button + Sprite 组件的按钮背景节点，加上一个包含 Label 组件的标签节点，如图 3-23 所示。

图 3-23

使用菜单创建基础类型的节点是快速向场景中添加内容的推荐方法。

3.4.4 提高场景制作效率的技巧

（1）在【层级管理器】里选中一个节点，然后按 Cmd 键或 Ctrl + F 组合键就可以在【场景编辑器】里聚焦这个节点，或者在【层级管理器】中双击选中的节点也可聚焦这个节点。

（2）选中一个节点后按 Cmd 键或 Ctrl + D 组合键会在该节点相同位置复制一个同样的节点，当需要快速制作多个类似节点时可以用这个命令提高效率。

（3）在【场景编辑器】里要选中多个节点，可以按住 Cmd / Ctrl 键依次单击想要选中的节点，在【层级管理器】里也是一样的操作方式。

（4）在【场景编辑器】中将鼠标悬停在一个节点上（即使是空节点），会显示该

节点的名称和约束框大小，这时单击就会选中当前显示名称的节点。在复杂的场景中选
节点之前先悬停一会，可以大大提高选择成功率。

（5）对齐节点。【场景编辑器】左上角有一排按钮可以用来在选中多个节点时对
齐这些节点，假设如图 3-24 中所示的三个 Label 节点全部被选中，那么从左到右的对
齐按钮分别表示节点的对齐方式如下。

（1）按照最靠近上面的边界对齐；

（2）按照整体的水平中线对齐；

（3）按照最靠近下面的边界对齐；

（4）按照最靠近左边的边界对齐；

（5）按照整体的垂直中线对齐；

（6）按照最靠近右边的边界对齐。

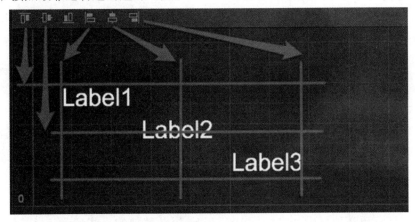

图 3-24

注意：对齐操作不管是一开始测定左右边界和中线，还是之后将每个节点对齐时的
参照，都是对齐节点约束框的中心或某条边界，而不是对齐节点的位置坐标。比如图 3-24
中将三个宽度不同的 Label 节点向右对齐后，得到三个节点约束框的右边界对齐的情况，
而不是让三个节点位置里的 X 坐标变成一致。

3.5 本章小结

本章介绍了场景制作的工作流程，节点和组件的概念非常重要，希望读者朋友认真
理解并实践操作加深理解。本章还介绍了屏幕坐标系、Cocos 坐标系、世界坐标系，对
节点的重要属性如位置、旋转、缩放、锚点等也进行了介绍，这些对后续的编程都非常
重要。后面介绍了节点的层级关系和显示顺序、Canvas 作为渲染根节点的优点、提高
场景制作效率的技巧等。

相信通过本章的学习，读者对于设计游戏应该有了更加深入的理解。

第 4 章　资源的工作流程

游戏设计一定会用到游戏资源，如音频、图片、模型等游戏资源文件，本章将介绍在 Cocos Creator 中针对资源的操作。开始学习之前，先了解几个重要的操作和注意事项。

1. 添加资源

【资源管理器】提供了三种在项目中添加资源的方式。

（1）通过【创建】按钮添加资源。

（2）在操作系统的文件管理器中，将资源文件复制到项目资源文件夹下，之后再打开或激活 Cocos Creator 窗口，完成资源导入。

（3）从操作系统的文件管理器中（比如 Windows 的文件资源管理器或 Mac 的 Finder），拖曳资源文件到【资源管理器】面板来导入资源。

【资源管理器】中的资源和操作系统文件管理器中的项目资源文件夹是同步的，在【资源管理器】中对资源进行移动、重命名和删除操作，都会直接在用户的文件系统中对资源文件进行同步修改。同样，在文件系统中（如 Windows 上的 Explorer 或 Mac 上的 Finder）添加或删除资源，也会对【资源管理器】中的资源进行更新。

所有 assets 路径下的资源都会在导入时生成一份资源配置文件（.meta），这份配置文件提供了该资源在项目中的唯一标识（uuid）以及其他的一些配置信息（如图集中的小图引用、贴图资源的裁剪数据等），非常重要。

在【资源编辑器】中管理资源时，meta 文件是不可见的，对资源的任意删除、改名、移动操作，都会由编辑器自动同步相应的 meta 文件，确保 uuid 的引用不会丢失和错乱。

注意在编辑器外部的文件系统中（Explorer、Finder）对资源文件进行删除、改名、移动时必须同步处理相应的 meta 文件。资源文件和其对应的 meta 文件应该保持在同一个目录下，而且文件名相同。

除了导入基础资源外，从 1.5 版本开始，【资源编辑器】支持将一个项目中的资源和其依赖完整地导出到另一个项目。现在可以在 Cocos Creator 中导入其他编辑器的项目，如 Cocos Studio、Cocos Builder。

2. 处理无法匹配的资源配置文件（.meta）

（1）如果在编辑器外部的文件系统（Explorer、Finder 等）中进行了资源文件的移动或重命名，而没有同步移动或重命名 meta 文件时，会导致【资源编辑器】将改名或移动的资源当作新的资源导入，可能会出现场景和组件中对该资源（包括脚本）的引用丢失。

（2）在编辑器发现有未同步的资源配置文件时，会弹窗警告用户，并列出所有不匹配的 meta 文件，这时无法正确匹配的资源配置文件会从项目资源路径（asset）中移除，并自动备份到 temp 路径下。

（3）如果希望恢复这些资源的引用，可将备份的 meta 文件复制到已经移动过的资源文件同一路径下，并保证资源文件和 meta 文件的名称相同。注意编辑器在处理资源改名和移动时会生成新的 meta 文件，这些新生成的 meta 文件可以在恢复备份的 meta 后安全删除。

4.1　创建和管理场景

4.1.1　创建场景

方法一：执行【文件】→【新建场景】主菜单命令，如图 4-1 所示。

方法二：在【资源管理器】中单击【创建】菜单，创建新场景，如图 4-2 所示。

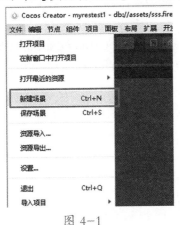
图 4-1

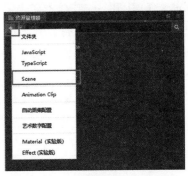
图 4-2

4.1.2　保存场景

方法一：使用 Ctrl + S 组合键（Windows）或 Command + S 组合键（Mac）。

方法二：执行【文件】→【保存场景】主菜单命令，如图 4-3 所示。

4.1.3　切换场景

在【资源管理器】中双击需要打开的场景。

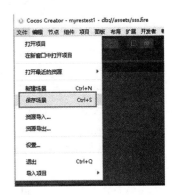
图 4-3

4.1.4　修改场景资源自动释放策略

如果项目中的场景很多，随着新场景的切换，内存占用就会不断上升，除了使用 cc.loader.release 等 API 来精确释放不使用的资源，还可以使用场景的自动释放功能。

要配置自动释放，可以在【资源管理器】中选中所需场景，然后在【属性检查器】中设置【自动释放资源】选项，该项默认关闭。

从当前场景切换到下一个场景时，如果当前场景不自动释放资源，则该场景中直接或间接引用到的所有资源（脚本动态加载的不算）默认都不主动释放。反之，如果启用了自动释放，则这些引用到的资源默认都会自动释放。

已知问题：粒子系统的 plist 所引用的贴图不会被自动释放。如果要自动释放粒子贴图，请从 plist 中移除贴图信息，改用粒子组件的 Texture 属性来指定贴图。

4.1.5　防止特定资源被自动释放

启用了某个场景的资源自动释放功能后，如果在脚本中保存了对该场景资源的"特殊引用"，则当场景切换后，由于资源已经被释放，这些引用可能会变成非法的，有可能引起渲染异常等问题。为了让这部分资源在场景切换时不被释放，可以使用 cc.loader.setAutoRelease 或者 cc.loader.setAutoReleaseRecursively 来保留这些资源。

注意："特殊引用"指的是以全局变量、单例、闭包、"特殊组件""动态资源"等形式进行的引用。"特殊组件"是指通过 cc.game.addPersistRootNode 方法设置的常驻节点及其子节点上的组件，并且这些组件中包含以字符串 URL 或 UUID，或者以除了数组和字典外的其他容器去保存的资源引用。"动态资源"指的是在脚本中动态创建或动态修改的资源。这些资源如果还引用到场景中的其他资源，则就算动态资源本身不应该释放，其他资源默认还是会被场景自动释放。

以上关于场景资源自动释放部分的内容归纳见表 4-1。

表 4-1　场景资源自动释放的几种情况

释放资源			
启用"自动释放资源"		不启用"自动释放资源"	
被脚本引用到	未被脚本引用	手动释放资源	不释放资源
当场景切换后，由于资源已经被释放，脚本中的引用可能会变成非法的，有可能引起渲染异常等问题。那么可以使用 cc.oacer.setAutorelease 或者 cc.loader.etAutoReleaseRecursively 来保留这些脚本资源在场景切换时不被释放	场景中直接或间接引用到的所有资源（脚本动态加载的不算），默认都会自动释放	调用 cc.loader.release 释放资源	场景中直接或间接引用到的所有资源，都不主动释放

已知问题：粒子系统的 plist 所引用的贴图不会被自动释放。如果要自动释放粒子贴图，请从 plist 中移除贴图信息，改用粒子组件的 Texture 属性来指定贴图。

4.1.6　修改场景加载策略

在【资源管理器】中选中指定场景，可以在【属性检查器】中看到【延迟加载资源】选项，该项默认关闭。

4.1.7　不延迟加载资源

加载场景时，如果该选项关闭，则这个场景直接或间接递归依赖的所有资源都将被加载，全部加载完成后才会触发场景切换。

4.1.8　延迟加载依赖的资源

加载场景时，如果该选项开启，则这个场景直接或间接依赖的所有贴图、粒子和声音都将被延迟到场景切换后才加载，使场景切换速度极大提升。

同时，玩家进入场景后可能会看到一些资源陆续显示出来，并且激活新界面时也可能会看到界面中的元素陆续显示出来，因此这种加载方式更适合网页游戏。

使用这种加载方式后，为了能在场景中更快地显示需要的资源，建议一开始就让场景中暂时不需要显示的渲染组件（如 Sprite）保持非激活状态。

注意：Spine 和 TiledMap 依赖的资源永远都不会被延迟加载。

4.2　图像资源

图像资源（Texture）又经常被称作贴图、图片，是游戏中绝大部分图像渲染的数据源。图像资源一般由图像处理软件（比如 Photoshop、Windows 上自带的画图）制作而成并输出成 Cocos Creator 可以使用的文件格式，目前包括 JPG 和 PNG 两种。

4.2.1　导入图像资源

使用默认的资源导入方式可以将图像资源导入到项目中，之后就可以在【资源管理器】中看到图像资源，如图 4-4 所示。

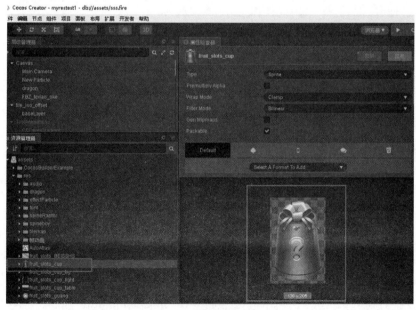

图 4-4

图像资源在【资源管理器】中会以自身图片的缩略图作为图标。在【资源管理器】中选中图像资源后,【属性检查器】下方会显示该图片的缩略图。

4.2.2 Texture 属性

Texture 属性如表 4-2 所示。

表 4-2 Texture 属性

属　性	功能说明
Premultiply Alpha	是否开启 Alpha 预乘,勾选后会将 RGB 通道预先乘以 Alpha 通道
Wrap Mode	寻址模式,包括 Clamp(钳位)、Repeat(重复)两种寻址模式
Filter Mode	过滤方式,包括 Point(邻近点采样)、Bilinear(双线性过滤)、Trilinear(三线性过滤)三种过滤方式
genMipmaps	是否开启自动生成 mipmap
packable	是否允许贴图参与合图

Texture 的 Premultiply Alpha 属性勾选与否表示是否开启 Alpha 预乘,主要分为以下两种状态。

(1)Premultiply Alpha(预乘 Alpha)。表示 RGB 在存储的时候预先将 Alpha 通道与 RGB 相乘,比如透明度为 50% 的红色,RGB 为(255, 0, 0),预乘之后存储的颜色值为(127,0,0,0.5)。

(2)Non-Premultiply Alpha(非预乘 Alpha)。表示 RGB 不会预先与 Alpha 通道相乘,那么上面所述的透明度为 50% 的红色,存储的颜色值则为(255, 0, 0, 0.5)。

那什么情况下需要使用 Premultiply Alpha?在图形渲染中透明图像通过 Alpha Blending 进行颜色混合,一般的颜色混合计算公式为

结果颜色 =(源颜色值 × 源 alpha 值)+ 目标颜色值(1- 源 alpha 值)

result = source.RGB × source.A + dest.RGB ×(1-source.A)

即颜色混合函数的设置为 gl.blendFunc(gl.SRC_ALPHA, gl.ONE_MINUS_SRC_ALPHA)。

当使用 Alpha 预乘之后,上述计算公式则简化为:

结果颜色 = 源颜色值 + 目标颜色值 ×(1- 源 alpha 值)

result = source.RGB + dest.RGB ×(1-source.A)

对应的颜色混合函数设置为 gl.blendFunc(gl.ONE, gl.ONE_MINUS_SRC_ALPHA)。

但是使用 Alpha 预乘并不仅仅是为了简化上述计算提高效率,还是因为 Non-Premultiply Alpha 的纹理图像不能正确地进行线性插值计算。

假设有两个相邻顶点的颜色,一个是顶点颜色为透明度100% 的红色(255, 0, 0, 1.0),另一个顶点颜色为透明度 10% 的绿色(0,255,0,0.1),那么当图像缩放时这两个顶点之间的颜色就是对它们进行线性插值的结果。如果是 Non-Premultiply Alpha,那么结果为:

(255, 0, 0, 1.0) * 0.5 + (0, 255, 0, 0.1) * (1−0.5) = (127, 127, 0, 0.55)

如果使用了 Premultiply Alpha，绿色存储的颜色值变为（0, 25, 0, 0.1），再与红色进行线性插值的结果为：

(255, 0, 0, 1.0）* 0.5 +（0, 25, 0, 0.1）*（1−0.5）=（127, 12, 0, 0.55）

对应的颜色值表现如图 4−5 所示。

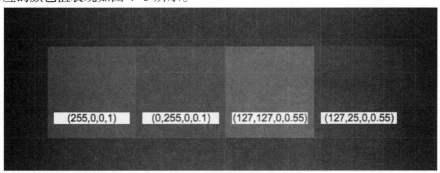

(255,0,0,1)　　　(0,255,0,0.1)　　　(127,127,0,0.55)　　　(127,25,0,0.55)

图 4−5

观察图 4−5 可以看出，使用 Non-Premultiply Alpha 的颜色值进行插值之后的颜色偏绿，透明度为 10% 的绿色占的权重更多，透明度为 100% 的红色占比反而更少，而使用 Premultiply Alpha 得到的插值结果才是正确并且符合预期的。因此，实际项目中可以根据图像的具体使用场景进行合适的选择。

4.2.3　寻址模式

一般来说，纹理坐标 UV 的取值范围为 [0,1]，当传递的顶点数据中的纹理坐标取值超出 [0,1] 范围时，就可以通过不同的寻址模式来控制超出范围的纹理坐标如何进行纹理映射。目前 Texture 提供两种寻址模式。

（1）钳位寻址模式（Clamp）。将纹理坐标截取在 0 ~ 1，只复制一遍 [0,1] 的纹理坐标。对于 [0,1] 之外的内容，将使用边缘的纹理坐标内容进行延伸。

（2）重复寻址模式（Repeat）。对于超出 [0,1] 范围的纹理坐标，使用 [0,1] 的纹理坐标内容进行不断重复。

4.2.4　过滤方式

当 Texture 的原始大小与屏幕映射的纹理图像尺寸不一致时，通过不同的纹理过滤方式进行纹理单元到像素的映射会产生不同的效果。Texture 有三种过滤方式。

（1）邻近点采样（Point）。使用中心位置距离采样点最近的纹理单元颜色值作为该采样点的颜色值，不考虑其他相邻像素的影响。优点是算法简单，计算量较小。缺点是当图像放大之后重新采样的颜色值不连续，会有明显的马赛克和锯齿。

（2）双线性过滤（Bilinear）。使用距离采样点最近的 2×2 的纹理单元矩阵进行采样，取 4 个纹理单元颜色值的平均值作为采样点的颜色，像素之间的颜色值过渡更加平滑，但是计算量相比邻近点采样也稍大。

（3）三线性过滤（Trilinear）。基于双线性过滤，对像素大小与纹理单元大小最接近的两层 Mipmap Level 分别进行双线性过滤，然后再对得到的结果进行线性插值计算，从而得到采样点的颜色值。最终的采样结果相比邻近点采样和双线性过滤是最好的，但是计算量也最大。

除了在编辑器中直接设置图像资源的过滤方式外，引擎中也提供了 cc.view. enableAntiAlias 接口去动态设置 Texture 是否开启抗锯齿功能。如果开启了抗锯齿，那么游戏中所有 Texture 的过滤方式都将使用线性过滤，否则将使用邻近点采样的过滤方式。注意，当前引擎版本中三线性过滤与双线性过滤效果一致。

4.2.5　genMipmaps

为了加快 3D 场景渲染速度和减少图像锯齿，贴图被处理成由一系列被预先计算和优化过的图片组成的序列，这样的贴图被称为 mipmap。mipmap 中每一个层级的小图都是原图的一个特定比例的缩小细节的复制品，当贴图被缩小或者只需要从远距离观看时，mipmap 就会转换到适当的层级。

当贴图过滤方式设置为三线性过滤（Trilinear filtering）时，会在两个相近的层级之间插值。因为渲染远距离物体时，mipmap 贴图比原图小，提高了显卡采样过程中的缓存命中率，所以渲染的速度得到了提升。同时因为 mipmap 的小图精度较低，从而减少了摩尔纹现象，可以减少画面上的锯齿。另外，因为额外生成了一些小图，所以 mipmap 需要额外占用约 1/3 的内存空间。

4.2.6　packable

如果引擎开启了【动态合图】功能，则会自动将合适的贴图在开始场景时动态合并到一张大图上来减少 drawcall。但是将贴图合并到大图中会修改原始贴图的 uv 坐标，如果在自定义 effect 中使用了贴图的 uv 坐标，则 effect 中的 uv 计算将会出错，需要将贴图的 packable 属性设置为 false 来避免贴图被打包到动态合图中。

4.2.7　Texture 和 SpriteFrame 资源类型

在【资源管理器】中，图像资源的左边会显示一个和文件夹类似的三角图标，单击就可以将其展开看到它的子资源（sub asset），如图 4-6 所示。每个图像资源导入后编辑器会自动在它下面创建同名的 SpriteFrame 资源。

图 4-6

SpriteFrame 是核心渲染组件 Sprite 所使用的资源，设置或替换 Sprite 组件中的 SpriteFrame 属性，就可以切换显示的图像。Sprite 组件的设置方式后续章节会详细介绍。

为什么会有 SpriteFrame 这种资源？ Texture 是保存在 GPU 缓冲中的一张纹理，是原始的图像资源；而 SpriteFrame 包含两部分内容：记录了 Texture 及其相关属性的 Texture2D 对象和纹理的矩形区域，对于相同的 Texture，可以进行不同的纹理矩形区域设置，然后根据 Sprite 的填充类型，如 SIMPLE、SLICED、TILED 等进行不同的顶点数据填充，从而满足 Texture 填充图像精灵的多样化需求。而 SpriteFrame 记录的纹理矩形区域数据又可以在资源的【属性检查器】中根据需求自由定义，这样的设置让资源的开发更为高效和便利。除了每个文件会产生一个 SpriteFrame 的图像资源（Texture）之外，还有包含多个 SpriteFrame 的图集资源（Atlas）类型。

4.2.8　使用 SpriteFrame

直接将 SpriteFrame 或图像资源从【资源管理器】中拖曳到【层级管理器】或【场景编辑器】中，就可以直接用所选的图像在场景中创建 Sprite 节点。之后可以拖曳其他的 SpriteFrame 或图像资源到该 Sprite 组件的 Sprite Frame 属性栏中，来切换该 Sprite 显示的图像。

在【动画编辑器】中也可以拖曳 SpriteFrame 资源到已创建好的 Sprite Frame 动画轨道上。

4.2.9　性能优化注意事项

使用单独存在的 Texture 作为 Sprite 资源，在预览和发布游戏时，将无法对这些 Sprite 进行批量渲染优化的操作。目前编辑器不支持转换原有的单张 Texture 引用到 Atlas 里的 SpriteFrame 引用，所以在正式开发项目时，应该尽早把需要使用的图片合成 Atlas（图集），并通过 Atlas 里的 SpriteFrame 引用使用。

另外，引擎中的 cc.macro.CLEANUP_IMAGE_CACHE 字段表示是否将贴图上传至 GPU 之后删除 DOM Image 缓存。具体来说，通过设置 image.src 为空字符串来释放这部分内存。正常情况下，可以不需要开启这个选项，因为在 Web 平台，Image 对象所占用的内存很小。但是在微信小游戏平台的当前版本，Image 对象会缓存解码后的图片数据，它所占用的内存空间很大，所以官方在微信小游戏平台默认开启了这个选项，在上传 GL 贴图之后立即释放 Image 对象的内存，避免过高的内存占用。

4.3 预制资源

4.3.1 创建预制资源

在场景中编辑好节点后，直接将节点从【层级管理器】拖到【资源管理器】，如图4-7所示，即可创建出一个预制资源（Prefeb，也称预制件），如图4-8所示。

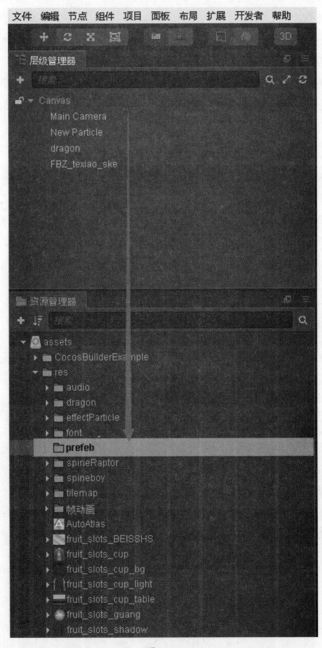

图 4-7

图 4-8

4.3.2　保存预制资源

在场景中修改了预制实例后，在【属性检查器】中直接单击【保存】按钮，即可保存对应的预制资源，如图 4-9 所示。

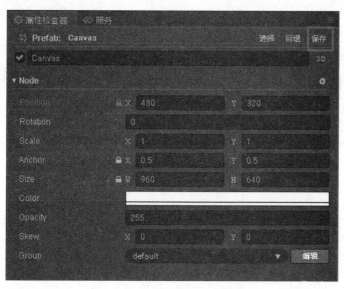

图 4-9

4.3.3　还原预制资源

在场景中修改了预制实例后，在【属性检查器】中直接单击【回退】按钮，即可将预制对象还原为资源中的状态，如图 4-10 所示。

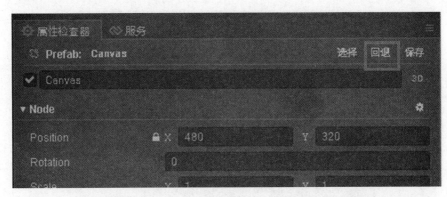

图 4-10

4.3.4 自动同步和手动同步

每个场景中的预制实例都可以选择要自动同步，还是手动同步。

设为手动同步时，当预制实例对应的原始资源被修改后，场景中的预制实例不会同步刷新，只有在用户手动还原预制时才会刷新。

设为自动同步时，该预制实例会自动和原始资源保持同步。

图 4-11 中的图标表示当前预制的同步方式，单击图标将会在两种模式之间切换。

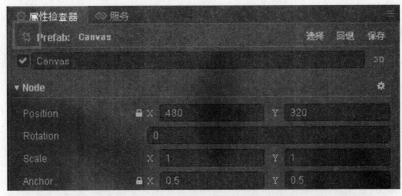

图 4-11

场景中被设置为手动同步的预制体实例节点颜色为蓝色，如图 4-12 所示。

图 4-12

图 4-13 中的图标表示当前预制使用手动同步，单击图标会切换到自动同步。

图 4-13

场景中被设置为手动同步的预制体实例节点颜色为绿色，如图 4-14 所示。

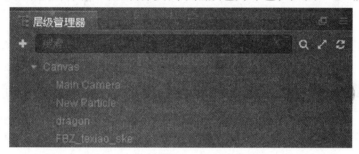

图 4-14

注意，为了保持引擎的精简，自动同步的预制实例有如下限制。

（1）为了便于对各场景实例进行单独定制，场景中的预制根节点自身的 name、active、position 和 rotation 属性不会被自动同步。而其他子节点和所有组件都必须和原始资源保持同步，如果发生修改，编辑器会询问是要撤销修改还是要更新原始资源。

（2)自动同步的预制中组件无法引用该预制外的其他对象,否则编辑器会弹出提示。

（3)自动同步的预制外面的组件只能引用该预制的根节点,无法引用组件和子节点,否则编辑器会弹出提示。

以上这些限制都仅影响编辑器操作，运行时不影响。

4.3.5　将预制资源还原成普通节点

从【资源管理器】中删除一个预制资源后，可以将场景中对应的预制实例还原成普通节点。方法是选中预制实例，然后执行【节点】→【还原成普通节点】菜单命令。

4.3.6　预制资源的选项

在【资源管理器】中选中任一预制资源，可在【属性检查器】中编辑以下选项。

1. 设置【优化策略】

在 v1.10.0 中加入了【优化策略】选项，能优化所选预制资源的实例化时间，也就是执行 cc.instantiate 所需的时间。可设置的值如下。

（1）自动调整（默认）。设为这个选项后，引擎将根据创建次数自动调整优化策略。初次创建实例时，等同于【优化单次创建性能】，多次创建后将自动【优化多次创建性能】。

（2）优化单次创建性能。该选项会跳过针对这个 prefab 的代码生成优化操作。

（3）优化多次创建性能。该选项会启用针对这个 prefab 的代码生成优化操作。

如果这个预制资源需要反复执行 cc.instantiate，选择【优化多次创建性能】，否则保持默认的【自动调整】即可。

在旧版本引擎中，优化方式固定为【优化多次创建性能】，在需要批量创建对象的场合中效果显著。但是有不少人将 prefab 作为多人协作或者分步加载的工具，这些 prefab 基本只会实例化一次，导致节点创建速度变慢。新版本默认采用【自动调整】以后，很好地解决了这个问题。

2. 设置【延迟加载资源】

该项默认关闭。勾选之后，使用【属性检查器】关联、loadRes 等方式单独加载预置资源时，将会延迟加载预置所依赖的其他资源，提升部分页游的加载速度。详情可参考"场景的延迟加载"一节。

4.4 图集资源

图集（Atlas）也称作 Sprite Sheet，是游戏开发中常见的一种美术资源。图集是通过专门工具将多张图片合并成一张大图，并通过 plist 等格式的文件索引的资源。可供 Cocos Creator 使用的图集资源由 plist 和 png 文件组成。图 4-15 就是一张图集使用的图片文件。

Shooter.png

图 4-15

4.4.1 使用图集资源的优势

在游戏中使用多张图片合成的图集作为美术资源，有以下优势。

（1）合成图集时会去除每张图片周围的空白区域，加上可以在整体上实施各种优化算法，合成图集后可以大大减少游戏包体和内存占用。

（2）如果多个 Sprite 渲染的是来自同一张图集的图片，这些 Sprite 可以使用同一个渲染批次来处理，大大减少 CPU 的运算时间，提高了运行效率。

4.4.2 制作图集资源

（1）要生成图集，首先应该准备好一组原始图片，如图 4-16 所示。

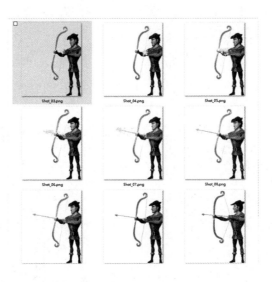

图 4-16

（2）使用专门的软件生成图集，推荐的图集制作软件是 TexturePacker。使用图集制作软件生成图集时选择 Cocos2d-x 格式的 plist 文件，最终得到的图集文件是同名的 plist 和 png，如图 4-17 所示。

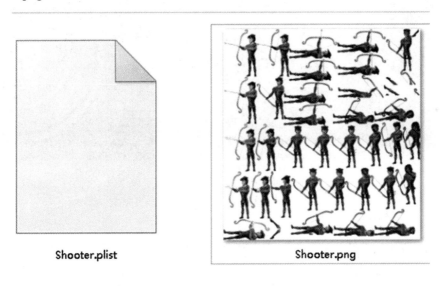

Shooter.plist　　　　　　　Shooter.png

图 4-17

4.4.3　导入图集资源

将图 4-17 所示的 plist 和 png 文件同时拖曳到【资源管理器】中，就可以生成在编辑器和脚本中使用的图集资源。

4.4.4 Atlas 和 SpriteFrame

导入图集资源后，可以看到类型为 Atlas 的图集资源，单击其左边的三角图标将图集展开，可以看到图集资源里包含了很多类型为 SpriteFrame 的子资源，每个子资源都是可以单独使用和引用的图片，如图 4-18 所示。

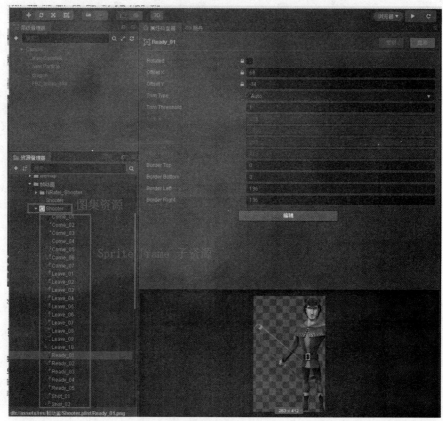

图 4-18

4.4.5 碎图转图集

在项目原型阶段或生产初期，美术资源的内容和结构变化都会比较频繁，通常可以直接使用碎图（也就是多个单独的图片）来搭建场景和制作 UI。其后为了优化性能和节约包体，需要将碎图合并成图集。Creator 提供了自动图集功能，可以在发布项目时无缝地将生产阶段的碎图合并成图集，并且自动更新资源索引。

4.5 自动图集资源

自动图集资源 (Auto Atlas) 作为 Cocos Creator 自带的合图功能，可以将指定的一系列碎图打包成一张大图，具体作用和 Texture Packer 的功能很相近。

4.5.1　创建自动图集资源

在【资源管理器】中右击，在弹出的快捷菜单中执行【新建】→【自动图集配置】子菜单命令，如图 4-19 所示，将会新建一个类似 AutoAtlas.pac 的资源。

图 4-19

【自动图集配置】将会以当前文件夹下的所有 SpriteFrame 作为碎图资源生成图集。如果碎图资源 SpriteFrame 进行配置过，打包后重新生成的 SpriteFrame 将会保留这些配置。

4.5.2　配置自动图集资源

在【资源管理器】中选中一个自动图集资源后，【属性检查器】面板将会显示自动图集资源的所有可配置项，见表 4-3。

表 4-3　自动图集资源可配置项

属 性	功能说明
最大宽度	单张图集最大宽度
最大高度	单张图集最大高度
间距	图集中碎图之间的间距
允许旋转	是否允许旋转碎图
输出大小为正方形	是否强制将图集长、宽大小设置成正方形

属　性	功能说明
输出大小为二次幂	是否将图集长、宽大小设置为二次方倍数
算法	图集打包策略，可选的策略有 BestShortSideFit、BestLongSideFit、BestAreaFit、BottomLeftRule、ContactPointRule
输出格式	图集图片生成格式，可选的格式有 png、jpg、webp
扩边	在碎图的边框外扩展出 1 像素外框，并复制相邻碎图像素到外框中。该功能也称作 "Extrude"
不包含未被引用资源	在预览中，此选项不会生效，构建后此选项才会生效

配置完成后可以单击【预览】按钮来预览打包的结果，按照当前自动图集配置生成的相关结果将会展示在【属性检查器】下面的区域。需要注意的是每次配置过后，需要重新单击【预览】按钮才会重新生成预览信息。

自动图集配置生成的相关结果分为两种。

（1）Packed Textures。显示打包后的图集图片以及图片相关的信息，如果生成的图片有多张，则会在【属性检查器】中列出来。

（2）Unpacked Textures。显示不能打包进图集的碎图资源，造成的原因有可能是这些碎图资源的大小比图集资源的大小还大导致的，这时候可能需要调整图集的配置或者碎图的大小。

4.5.3　生成图集

预览项目或者在 Cocos Creator 中使用碎图的时候都是直接使用碎图资源，在【构建项目】这一步才会真正生成图集到项目中。

4.6　压缩纹理机制

Cocos Creator 可以直接在编辑器中设置纹理需要的压缩方式，然后在项目发布时自动对纹理进行压缩。针对 Web 平台，支持同时导出多种图片格式，引擎将根据不同的浏览器自动下载合适的格式。

4.6.1　配置压缩纹理

Cocos Creator 支持导入多种格式的图片（具体见表 4-4），但是在实际游戏运行中，不建议使用原始图片作为资源来加载。比如在手机平台上可能只需要原图 80% 或者更少的画质，或者是没有使用透明通道的 .png 可以将其转换成 .jpg，这样可以减少很大一部分图片的存储空间。

表 4-4　Cocos Creator 支持导入多种格式的图片

图片格式	Android	iOS	微信小游戏	Web
PNG	支持	支持	支持	支持
JPG	支持	支持	支持	支持
WEBP	Android 4.0 以上原生支持 其他版本可以使用解析库	可以使用解析库	不支持	部分支持
PVR	不支持	支持	支持 iOS 设备	支持 iOS 设备
ETC1	支持	不支持	支持 Android 设备	支持 Android 设备
ETC2	只支持生成资源			

默认情况下 Cocos Creator 在构建的时候输出的是原始图片，如果在构建时需要对某一张图片进行压缩，可以在【资源管理器】中选中这张图片，然后在【属性管理器】中对图片的纹理格式进行编辑，如图 4-20 所示。

4.6.2　压缩纹理机制

Cocos Creator 在构建图片的时候，会查找当前图片是否进行了压缩纹理的配置，如果没有，则继续查找是否作了默认（Default）的配置，如果没有，则最后按原图输出。

如果查找到了压缩纹理的配置，那么会按照找到的配置对图片进行纹理压缩。在一个平台中可以指定多种纹理格式，每种纹理格式在构建时都会根据原图压缩生成一张指定格式的图片。这些生成的图片不会都被加载到引擎中，引擎会根据 cc.macro.SUPPORT_TEXTURE_FORMATS 中的配置来选择加载合适格式的图片。cc.macro.SUPPORT_TEXTURE_FORMATS 列举了当前平台支持的所有图片格式，引擎会从生成的图片中找到在这个列表中优先级靠前（即排列靠前）的格式来加载。

图 4-20

用户可通过修改 cc.macro.SUPPORT_TEXTURE_FORMATS 来自定义平台的图片资

源支持情况以及加载顺序的优先级。

4.6.3 示例

在图 4-21 所示界面中，默认平台
配置了 PNG 格式的压缩纹理，Web 平台
配置了 PVR、PNG 格式的压缩纹理，而
其他平台没有添加任何配置。那么在构
建 Web 平台的时候，图片就会被压缩成
PVR、PNG 两种格式，在构建其他平台的
时候则只会生成 PNG 格式的图片。而默
认设置的 cc.macro.SUPPORT_TEXTURE_
FORMATS 中只有在 iOS 平台上才添加了
.pvr 的支持，所以只有在 iOS 的浏览器上
才会加载 PVR 格式的图片，其他平台上
的浏览器则加载 PNG 格式的图片。

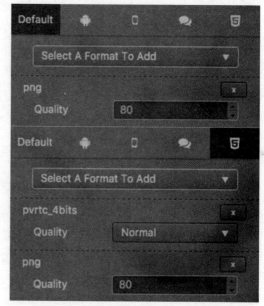

图 4-21

4.6.4 透明通道 Alpha 提取压缩 Separate Alpha

ETC1 和 PVR 格式都会用一个固定的空间来存储每个像素的颜色值，当需要存储
RGBA 4 个通道时，图片的显示质量可能会变得非常低，所以提供了一个 Separate Alpha
选项，该选项会将贴图的 Alpha 通道提取出来合并到贴图下方，然后将整张贴图按照
RGB 3 个通道的格式来压缩。这样每个通道的存储空间都得到了提升，贴图的质量也随
之提升，如图 4-22 所示。

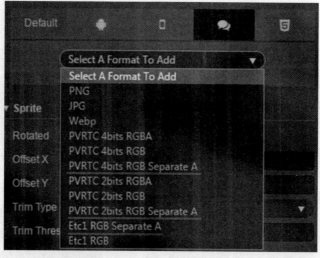

图 4-22

4.7　艺术数字资源

艺术数字资源（Label Atlas）是一种用户自定义资源，可用来配置艺术数字字体的属性。

4.7.1　创建艺术数字资源

在【资源管理器】的文件夹中右击或单击左上方【+】按钮，再执行【新建】→【艺术数字配置】菜单命令，如图 4-23 所示，将会新建一个 LabelAtlas.labelatlas 的资源。

图 4-23

艺术数字资源在使用之前需要进行一些配置，比如关联事先绘制好的包含所需字体样式的图片，如图 4-24 所示。

图 4-24

4.7.2　配置艺术数字资源

在【资源管理器】中选中一个艺术数字资源后，【属性检查器】面板将会显示艺术数字资源的所有可配置项（见表 4-5）。

表 4-5　艺术数字资源的所有可配置项

属　　性	功能说明
Raw Texture File	设置事先绘制好的包含所需字体样式的图片
Item Width	指定每一个字符的宽度
Item Height	指定每一个字符的高度
Start Char	指定艺术数字字体里面的第一个字符，如果字符是 Space，也需要在这个属性里面输入空格字符

配置完成后单击右上方的【应用】按钮来保存设置，如图 4-25 所示。

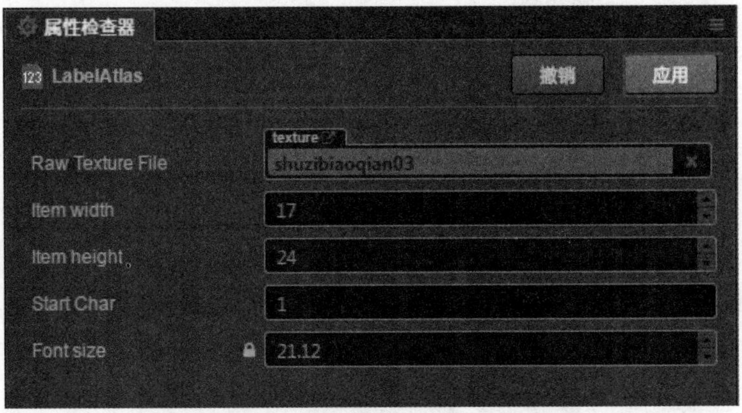

图 4-25

4.7.3　使用艺术数字资源

使用艺术数字资源非常简单，只需要新建一个 Label 组件，然后将新建好的艺术数字资源拖曳到 Label 组件的 Font 属性上即可。

4.8　资源导入导出工作流程

Cocos Creator 是专注于内容创作的游戏开发工具，在游戏开发过程中，除了每个项目专用的程序架构和功能以外，还会生产大量的场景、角色、动画和 UI 控件等相对独立的元素。对于一个开发团队来说，很多情况下这些内容元素在一定程度上都是可以重复利用的。

在以场景和 Prefab 为内容组织核心的模式下，1.5 版本的 Cocos Creator 内置了场景

（.fire) 和预制 (.prefab) 资源的导出和导入工具。

4.8.1　资源导出

执行主菜单命令【文件】→【资源导出】，即可打开资源导出工具面板，接下来可以用以下两种方式选择需要导出的资源。

（1）将场景或预制文件从【资源管理器】中拖曳到导出资源面板的资源栏中。

（2）单击资源栏右边的【选择】按钮，弹出文件选择对话框，并在项目中选取需要导出的资源。

可以选择的资源包括 .fire（场景）文件和 .prefab（预制）文件。

4.8.2　确认依赖

导出工具会自动检查所选资源的依赖列表并在面板里列出，用户可以手动检查每一项依赖是否必要，并剔除部分依赖的资源。被剔除的资源将不会被导出，如图 4-26 所示。

图 4-26

确认完毕后单击【导出】按钮，会弹出文件存储对话框，用户需要指定一个文件夹位置和文件名，单击【存储】按钮，就会生成扩展名为 .zip 的压缩包文件，包含导出的全部资源。

4.8.3 资源导入

有了导出的资源包,就可以在新
项目中导入这些现成的资源了,在新
项目的主菜单里执行【文件】→【导
入资源】命令,即可打开【导入资源】
面板。

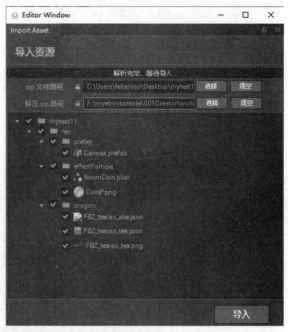

单击【zip 文件路径】文本框右
侧的【选择】按钮,如图 4-27 所示,
在弹出的文件浏览对话框中选择之前
导出的资源压缩包。

资源导入过程中会让用户再次确
认导入资源,可以通过取消某些资源
的勾选来去掉不需要导入的资源。

相比导出过程,导入过程中增加
了导入目标路径的设置。用户可以单

图 4-27

击旁边的【选择】按钮,选择项目的 assets 路径下的某个文件夹作为导入资源的放置位置。
由于导出资源时所有资源的路径都是以相对于 assets 路径来保存的,导入时如果不希望
导入资源放入 assets 根目录下,就可以再指定一层中间目录来隔离不同来源的导入资源。

设置完成后单击【导入】按钮,会弹出确认对话框,确认后就会把列出的资源导入
到目标路径下。

4.8.4 脚本和资源冲突

由于 Creator 项目中的脚本不能同名,当导入的资源包含和当前项目里脚本同名的
脚本时,将不会导入同名的脚本。如果出现导入资源的 UUID 和项目中现有资源 UUID
冲突的情况,会自动为导入资源生成新的 UUID,并更新在其他资源里的引用。

4.8.5 工作流应用

通过资源导入 / 导出功能,可以进一步根据项目和团队需要扩展工作流,比如:

(1)程序和美术分别使用不同的项目进行开发,美术开发好的 UI、角色、动画可
以通过导出资源的方式引入到程序负责的主项目中,避免了冲突并进一步加强了权限
管理;

(2)一个项目开发完成后,可以将可重复使用的资源导出并导入到一个公共资源
库中,在公共资源库项目里对该资源进行优化整理后,可以随时再导入其他项目,大大
节约了开发成本;

(3)将一个较为完整的功能做成场景或预制,并上传资源包到扩展商店,方便社
区直接取用。

在此基础上还可以发展出更多样化的工作流程，开发团队可以发挥想象力，并使用扩展插件系统进一步定制导入导出的数据和行为，满足更复杂的需要。

4.9　图像资源的自动剪裁

导入图像资源后生成的 SpriteFrame 会进行自动剪裁，去除原始图片周围的透明像素区域，如图 4-28 所示。这样在使用 SpriteFrame 渲染 Sprite 时，将会获得有效图像更精确的大小。

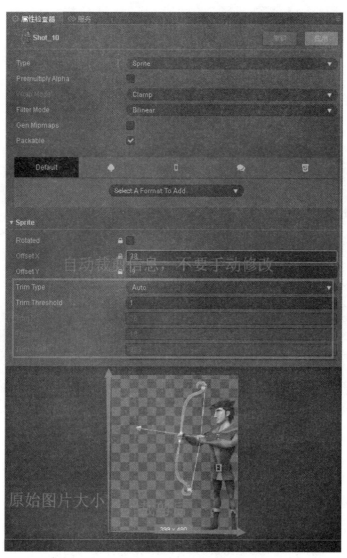

图 4-28

4.9.1　Sprite 组件剪裁相关设置详解

和图片裁剪相关的 Sprite 组件设置有以下两个。

（1）Trim：选中后将在渲染 Sprite 图像时去除图像周围的透明像素，我们将看到刚好能把图像包裹住的约束框。取消选中，Sprite 节点的约束框会包括透明像素的部分。只在 Type 设置为 Simple 时生效。

（2）Size Mode：用来将节点的尺寸设置为原图或原图裁剪透明像素后的大小，通常用于在序列帧动画中保证图像显示为正确的尺寸。有以下几种选择。

● TRIMMED。选择此项，会将节点的尺寸（Size）设置为原始图片裁剪掉透明像素后的大小。

● RAW。选择此项，会将节点尺寸设置为原始图片包括透明像素的大小。

● CUSTOM。自定义尺寸，用户可以使用鼠标拖曳矩形变换工具改变节点的尺寸，或通过修改 Size 属性，或在脚本中修改 Width 或 Height 后，都会自动将 Size Mode 设为 CUSTOM，表示用户将自己决定节点的尺寸，而不需要考虑原始图片的大小。

图 4-29 中展示了两种常见组合的渲染效果。

图 4-29

4.9.2　自带位置信息的序列帧动画

有很多动画师在绘制序列帧动画时，会使用一张较大的画布，然后将角色在动画中的运动直接通过角色在画布上的位置变化表现出来。在使用这种素材时，需要将 Sprite 组件的 Trim 设为 false，将 Size Mode 设为 RAW，这样动画在播放每个序列帧时都将使用原始图片的尺寸，并保留图像周围透明像素的信息，因此能正确显示绘制在动画中的角色位移。

而 Trim 设为 true，则是在位移完全由角色位置属性控制的动画中，更推荐使用的方式。

4.9.3　TexturePacker 设置

在制作序列帧动画时，通常会使用 TexturePacker 这样的工具将序列帧打包成图集，并在图集导入后通过图集资源下的 SpriteFrame 来使用。在 TexturePacker 中输出图集资源时，Sprites 分类下的 Trim mode 应设置为 Trim，如图 4-30 所示，一定不要选择 Crop, flush position，否则透明像素剪裁信息会丢失，使用图集里的资源时将无法获得原始图片未剪裁的尺寸和偏移信息。

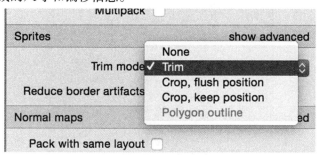

图 4-30

4.10　脚本资源

脚本用来驱动项目逻辑，实现交互功能。脚本的创建和使用等细节将在下一章进行详解讲解。

4.11　字体资源

使用 Cocos Creator 制作的游戏中可以使用三类字体资源：系统字体、动态字体和位图字体。其中系统字体是通过调用游戏运行平台自带的系统字体来渲染文字的，不需要用户在项目中添加任何相关资源。要使用系统字体，请使用 Label 组件 中的 Use System Font 属性。

4.11.1　导入字体资源

1. 动态字体

目前 Cocos Creator 支持 TTF 格式的动态字体，只要将扩展名为 TTF 的字体文件拖曳到【资源管理器】中即可完成字体资源的导入。

2. 位图字体

位图字体由 fnt 格式的字体文件和一张 png 图片组成，fnt 文件提供了对每一个字符小图的索引。这种格式的字体可以由专门软件 BMFont 生成。

在导入位图字体时，务必将 fnt 文件和 png 文件同时拖曳到【资源管理器】中。显示如图 4-31 所示。

图 4-31

注意：为了提高资源管理效率，建议将导入的 fnt 文件和 png 文件存放在单独的目录下，不要和其他资源混在一起。

4.11.2　使用字体资源

字体资源需要通过 Label 组件来渲染，下面是在场景中创建带有 Label 组件的节点的方法。

1. 使用菜单创建 Label（字体）节点

在【层级管理器】中单击左上角的【+】按钮，然后执行【创建渲染节点】→【Label（文字）】命令，如图 4-32 所示，会在场景中创建出一个带有 Label 组件的节点。

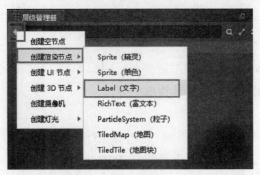

图 4-32

也可以通过执行主菜单命令【节点】→【创建渲染节点】→【Label（文字）】来

完成创建，如图 4-33 所示，效果和上面方法一样。

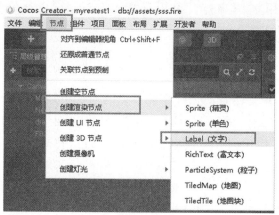

图 4-33

2. 关联字体资源

使用上面方法创建的字体组件默认使用系统字体作为关联的资源，如果想要使用导入到项目中的 TTF 字体或位图字体，可以将字体资源拖曳到创建的 Label 组件中的 Font 属性栏中，如图 4-34 所示。

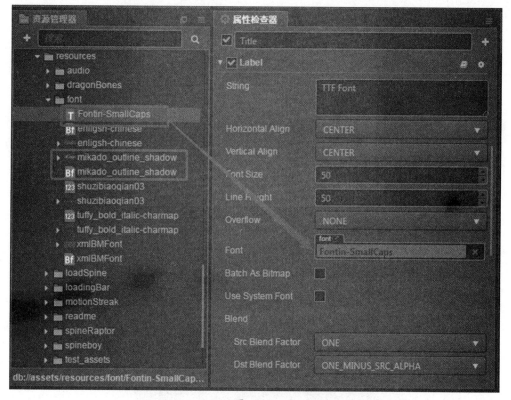

图 4-34

这时场景中的字体会立刻用刚才指定的字体资源进行渲染。也可以根据项目需要，自由地切换同一个 Label 组件的 Font 属性，来使用 TTF 字体或位图字体。切换字体文件时，Label 组件的其他属性不受影响。

如果要恢复使用系统字体，可以选中 Use System Font 的属性复选框，来清除 Font 属性中指定的字体文件。

4.11.3 拖曳创建 Label（字体）节点

另外一种快捷使用指定资源创建字体节点的方法，是直接从【资源管理器】中拖曳字体文件（TTF 字体或位图字体都可以）到【层级管理器】中。和用菜单命令创建的唯一区别是，使用拖曳方式创建的文字节点会自动使用拖曳的字体资源来设置 Label 组件的 Font 属性。

4.11.4 位图字体合并渲染

如果位图字体使用的贴图和其他 Sprite 使用的贴图是同一张，而且位图字体和 Sprite 之间没有插入使用其他贴图的渲染对象时，位图字体就可以和 Sprite 合并渲染批次。在放置位图字体资源时，要把 .fnt 文件、.png 文件和 Sprite 所使用的贴图文件放在一个文件夹下，然后参考自动图集工作流程将位图字体的贴图和 Sprite 使用的贴图打包成一个图集，即可在原生和 WebGL 渲染环境下自动享受位图字体合并渲染的性能提升。

4.12 粒子资源

4.12.1 导入粒子资源

从【资源管理器】里将 Cocos 支持的粒子 .plist 文件直接放到工程资源目录下，如图 4-35 所示。

图 4-35

4.12.2　在场景中添加粒子系统

方法一： 从【资源管理器】里将粒子资源直接拖到【层级管理器】，如图 4-36 所示。

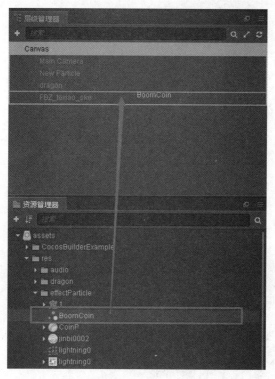

图 4-36

方法二： 从【资源管理器】里将粒子资源直接拖到【场景编辑器】，如图 4-37 所示。

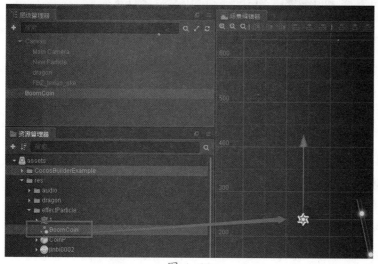

图 4-37

方法三： 在已有节点上添加一个 粒子系统（ParticleSystem）组件，从【资源管理器】里将粒子资源直接赋给组件的 File 属性，如图 4-38 所示。

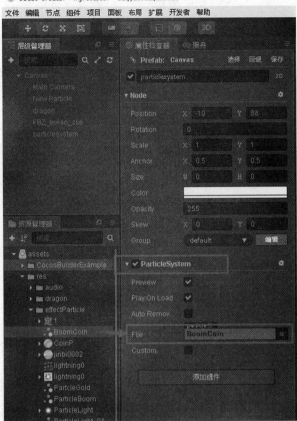

图 4-38

注意：不支持 .plist 文件中的 sourcePosition 属性的导入。

4.12.3　在项目中的存放

为了提高资源管理效率，建议将导入的 plist 和 png（如果有使用贴图）文件存放在单独的目录下，不要和其他资源混在一起。

4.12.4　渲染错误的解决方法

粒子使用的 png 贴图文件或 base64 格式的内置图片文件可能会有不正确的预乘信息，从而导致渲染出的粒子不能正确显示透明区域。如果出现这种情况，需要手动修改粒子 plist 文件中的 blendFuncSource 属性值：

```
<key>blendFuncSource</key>
<integer>770</integer>
```

4.13　声音资源

声音资源就是简单的音频文件。

引擎通过各个平台提供的基础接口播放不同的声音资源来实现游戏内的背景音乐和音效。

4.13.1　关于声音的加载模式

在【资源管理器】内选中一个 audio，【属性检查器】内会有加载模式的选项。这个选项只对 Web 平台有效。

1.Web Audio

通过 Web Audio 方式加载的声音资源如图 4-39 所示，在引擎内是以一个 buffer 的形式缓存的。这种方式的优点是兼容性好，问题比较少，缺点是占用的内存资源过多。

图 4-39

2.DOM Audio

通过生成一个标准 audio 元素来播放声音资源，缓存的就是这个 audio 元素。

使用标准的 audio 元素播放声音资源时，在某些浏览器上可能会遇到一些限制。比如，每次必须在用户操作事件内才允许播放（Web Audio 只要求第一次），且只允许播放一个声音资源等。

如果是比较大的音频，如背景音乐，建议使用 DOM Audio，如图 4-40 所示。

图 4-40

4.13.2　动态选择加载模式

声音资源有时可能需要在脚本中通过 cc.loader 进行加载。

1. 默认加载模式

音频默认是使用 Web Audio 的方式加载并播放的，只有在不支持这种模式的浏览器中才会使用 DOM 模式。设置方法如下：

```
cc.loader.load('http://example.com/background.mp3', callback);
```

2. 强制使用 DOM 模式加载

音频在加载过程中会读取 url 内的 get 参数，其中只需要定义一个 useDom 参数，使其有一个非空的值，这样在 audioDownloader 中，就会强制使用 DOM mode 的方式加载播放音频。设置方法如下：

```
cc.loader.load('http://example.com/background.mp3?useDom=1',
callback);
```

注意：如果是使用 DOM 模式加载的音频，在 cc.loader 的 cache 中，缓存的 url 也会带有 ?useDom=1，建议不要直接填写资源的 url，尽量在脚本内定义一个 AudioClip，然后从编辑器内定义。

4.14 骨骼动画资源

骨骼动画资源（Spine）是由 Spine 导出的数据格式（Creator v2.0.7 及以下支持 Spine v2.5，Creator v2.0.8 ~ Creator v2.1 支持 Spine v3.6，Creator v2.2.0 及以上支持 Spine v3.7）。

4.14.1 导入骨骼动画资源

从图 4-41 所示的【资源管理器】中可以查看到骨骼动画所需的资源有：

（1）.json 骨骼数据；

（2）.png 图集纹理；

（3）.txt/.atlas 图集数据。

图 4-41

4.14.2 创建骨骼动画资源

方法一：从【资源管理器】里将骨骼动画资源拖动到【层级管理器】中，如图 4-42 所示。

图 4-42

106

方法二：从【资源管理器】里将骨骼动画资源拖曳到场景中，如图 4-43 所示。

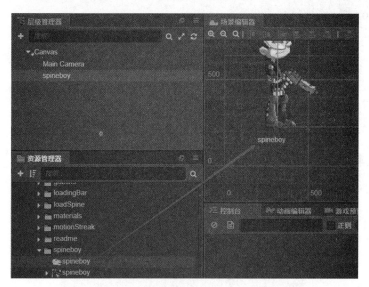

图 4-43

方法三：从【资源管理器】里将骨骼动画资源拖曳到已创建 Spine 组件的 Skeleton Data 属性中，如图 4-44 所示。

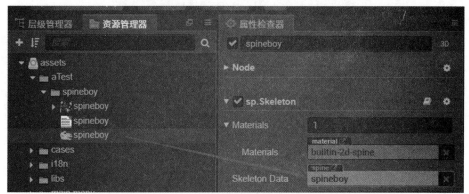

图 4-44

4.15　DragonBones 骨骼动画资源

DragonBones（龙骨）是面向设计师的 2D 游戏动画和富媒体内容创作平台，提供了 2D 骨骼动画解决方案和动态漫画解决方案（支持 DragonBones v5.6.2 及以下）。

4.15.1　导入 DragonBones 骨骼动画资源

从图 4-45 所示的【资源管理器】中可看到 DragonBones 骨骼动画资源有以下几种。

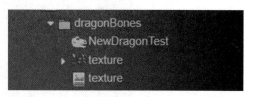

图 4-45

（1）.json 骨骼数据；

（2）.json 图集数据；

（3）.png 图集纹理。

4.15.2 创建 DragonBones 骨骼动画资源

在场景中使用 DragonBones 骨骼动画资源需要两个步骤。

（1）创建节点并添加 DragonBones 组件，可通过三种方式实现。

方式一：从【资源管理器】里将骨骼动画资源拖曳到【层级管理器】中，如图 4-46 所示。

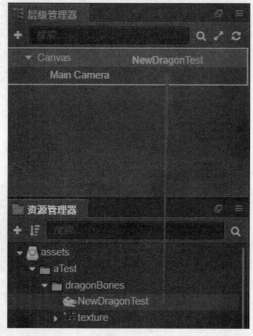

图 4-46

方式二：从【资源管理器】里将骨骼动画资源拖曳到场景中，如图 4-47 所示。

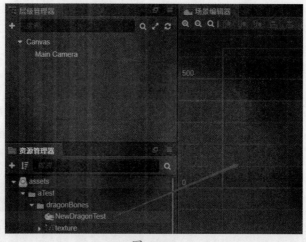

图 4-47

方式三：从【资源管理器】里将骨骼动画资源拖曳到已创建的 DragonBones 组件的
Dragon Asset 属性中，如图 4-48 所示。

图 4-48

（2）为 DragonBones 组件设置图集数据。

从【资源管理器】里将图集数据拖到 DragonBones 组件的 Dragon Atlas Asset 属性中，
如图 4-49 所示。

图 4-49

为了提高资源管理效率，建议将导入的资源文件存放在单独的目录下，不要和其他
资源混在一起。

4.16　地图资源

地图资源（TiedMap）是由 TiledMap 所导出的数
据格式（Creator v2.1 及以下支持 TiledMap v1.0.0，
Creator v2.2.0 及以上支持 TiledMap v1.2.0）。

4.16.1　导入地图资源

从图 4-50 中可以看到，地图所需资源有：

（1）.tmx 地图数据；

（2）.png 图集纹理；

图 4-50

（3）.tsx tileset 数据配置文件（部分 tmx 文件需要）。

4.16.2　创建地图资源

方式一：从【资源管理器】里将地图资源拖曳到【层级管理器】中，如图 4-51 所示。

图 4-51

方式二：从【资源管理器】里将地图资源拖曳到场景中，如图 4-52 所示。

图 4-52

方式三：从【资源管理器】里将地图资源拖曳到已创建的 TiledMap 组件的 Tmx Asset 属性中，如图 4-53 所示。

图 4-53

4.16.3　在项目中的存放

为了提高资源管理效率，建议将导入的 tmx、tsx 和 png 文件存放在单独的目录下，不要和其他资源混在一起。

4.17　JSON 资源

Creator 从 1.10 开始正式支持 JSON 文件，项目 assets 文件夹下的所有 .json 文件，都会导入为 cc.JsonAsset。

4.18　文本资源

Creator 从 1.10 开始正式支持文本文件，常见的文本格式，如 .txt、.plist、.xml、.json、.yaml、.ini、.csv、.md 等，都会导入为 cc.TextAsset。

4.19　导入其他编辑器项目

4.19.1　简介

通过 Cocos Creator 主菜单中的【文件】→【导入项目】命令，可以导入其他编辑器中的项目。目前支持导入的编辑器项目如下。

（1）Cocos Studio 项目（*.ccs 文件）；

（2）Cocos Builder 项目（*.ccbproj 文件）。

相应的菜单项如图 4-54 所示。

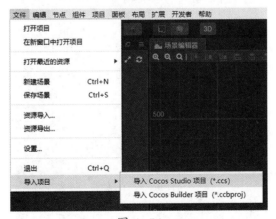

图 4-54

4.19.2　操作步骤说明

导入其他编辑器项目的操作步骤如下。

（1）执行相应的菜单命令，弹出文件选择对话框。

（2）选择对应扩展名的文件 (*.ccs 或 *.ccbproj)，即可开始导入。

（3）导入过程中 Cocos Creator 的【控制台】面板会持续输出 log 以显示当前的导入进度。

注意：导入项目所需时间长短取决于项目大小。在导入过程中不要在 Cocos Creator 中执行其他操作，耐心等待导入完成。

4.19.3　Cocos Studio 项目导入说明

1. 实现方案

（1）Cocos Studio 工程中的 csd 文件分为三类。

- Scene——导入为场景文件（.fire）；
- Layer——导入为 prefab；
- Node——导入为 prefab。

（2）csd 文件中记录的节点帧动画数据，导入为 anim 文件。

（3）导入后的目录结构如下。

- Cocos Studio 工程导入后存放在 assets 目录下一个独立的文件夹中（文件夹以 Cocos Studio 工程名命名）。

- Cocos Studio 工程中使用的资源文件以相同的目录结构导入到 Cocos Creator 工程中。

- csd 文件中的帧动画数据存放在一个子目录中，子目录命名为"csd 文件名 _action"。

Cocos Studio 导入之后的目录结构如图 4-55 所示。

图 4-55

2. 目前无法支持的情况

（1）不支持骨骼动画数据的导入。

（2）不支持 csi 文件的导入（对应的图片以碎图的形式导入，而不是合图）。

（3）不支持节点的 SkewX 与 SkewY 属性以及相应的动画。

（4）Particle 不支持 Blend Function 属性，同时 Sprite 和 Particle 的动画编辑中也不支持 Blend Function 属性的动画。

3. 特别说明

（1）Cocos Studio 项目导入功能是基于 Cocos Studio 3.10 版本进行开发与测试的，如果要导入旧版本的项目，建议先使用 Cocos Studio 3.10 版本打开项目，这样可以先将项目升级到对应版本，然后进行导入操作。

（2）新支持动画帧事件。统一添加默认的 triggerAnimationEvent 事件，参数设置如图 4-56 所示。

图 4-56

（3）导入嵌套的 csd。当 csd 包含嵌套时，会自动创建一个挂有 cc.StudioComponent.PlaceHolder 组件的节点来替代嵌套，该组件中的 nestedPrefab 属性会存储嵌套的 prefab 资源，并在项目运行后创建该 prefab 来替换当前节点（如果需要对该节点进行操作，必须是运行时才可以，目前不支持在编辑器中预览）。

4.19.4　Cocos Builder 项目导入说明

目前使用 Cocos Builder 制作游戏的应该越来越少，了解即可。

1. 实现方案

（1）所有的 ccb 文件都导入为 prefab。

（2）ccb 文件中的帧动画数据，导入为 anim 文件。

（3）导入后的目录结构参考 Cocos Studio 项目导入的实现。

2. 目前无法支持的情况

（1）CCControlButton 可以设置不同状态下文本的颜色，Cocos Creator 不支持。

（2）不支持渐变色的 Layer 节点。

（3）不支持节点的 Skew 属性以及动画。

4.20　本章小结

本章介绍了资源的工作流程，包括资源的添加、导入、同步等操作。充分理解 meta 配置文件的作用；后面介绍了常见资源的工作流程，如场景、贴图、预制体、图集、自动图集、纹理压缩、艺术数字、图像自动裁剪、字体资源、粒子资源、声音资源、骨骼动画资源（Spine）、龙骨资源（DragonBones）、地图、JSON、文本资源等的创建和使用。内容比较多，需要深刻结合实例进行理解和操作。相信通过对本章内容的学习，大家对于 Cocos Creator 游戏设计有了更深一步的认识。

第 5 章　脚本开发的工作流程

Cocos Creator 的脚本主要是通过扩展组件来进行开发的。目前 Cocos Creator 支持 JavaScript 和 TypeScript 两种脚本语言。通过编写脚本组件，并将它赋予到场景节点中来驱动场景中的物体。

在组件脚本的编写过程中，可以通过声明属性将脚本中需要调节的变量映射到【属性检查器】（Properties）中，供策划和美术人员调整。与此同时，也可以通过注册特定的回调函数来初始化、更新，甚至销毁节点。

编写代码时，通常需要用到程序代码编辑器，这里推荐使用 WebStorm 或 VS Code，可以加快开发速度，特别是语法高亮和代码提示等功能可以极大提高工作效率。

5.1　WebStorm 代码编辑器的环境配置

WebStorm 是 Jetbrains 公司旗下的一款 JavaScript 收费开发工具，目前已经被广大中国 JS 开发者誉为"Web 前端开发神器""最强大的 HTML5 编辑器""最智能的 JavaScript IDE"等。

5.1.1　下载与安装 WebStorm

到 WebStorm 的官方网站（https://www.jetbrains.com/webstorm/download/）下载对应操作系统的版本，如图 5-1 所示，目前 WebStorm 支持 Windows、Mac OS、Linux 3 种操作系统。

图 5-1

完成下载后双击运行，按照默认选项单击 Next 按钮即可完成安装，如图 5-2 所示。

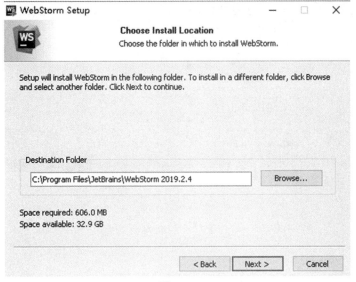

图 5-2

安装完成后需要激活，选择试用 30 天（Evaluate for free），如图 5-3 所示，试用期间可以使用所有的功能。正常的项目开发中，可以购买正版软件。

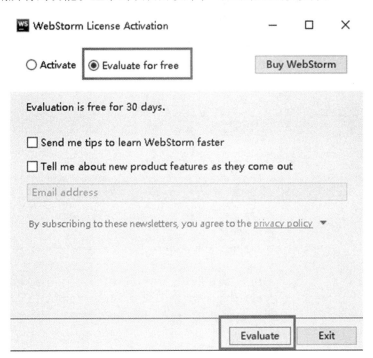

图 5-3

5.1.2 使用 WebStorm 打开 Cocos Creator 工程

双击 WebStrom 图标，将会自动打开 WebStorm 的开始窗口，单击 Open 选项，找到已经创建的 Cocos Creator 工程的根目录，也就是 assets、project.json 所在的路径，如图 5-4 所示，然后单击 OK 按钮即可。

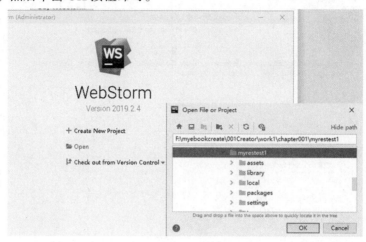

图 5-4

5.1.3　代码提示

Cocos Creator 在创建工程的时候，会自动创建一个名为 creator.d.ts 的文件，结合此文件可以实现代码提示等非常友好的功能。

当代码中输入"cc.lo"时，系统自动弹出了一个提示框，可以用鼠标选择第一个 log，就自动完成了"cc.log"的输入，如图 5-5 所示，这样就可以快速定位到 Cocos Creator 的函数 API 接口名称。

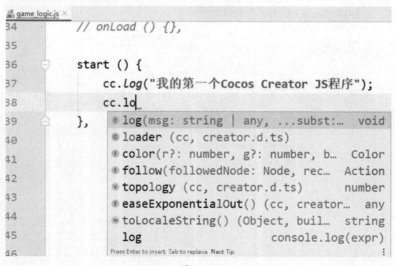

图 5-5

5.1.4　忽略文件

WebStrom 的主要功能是编辑程序代码，但是也会将其他类型的文件列出来，如

meta 格式的文件，工程会将此类文件忽略而不进行显示操作，操作如下。

执行菜单命令 File → Settings → Editor → File Types，在最下方 Ignore files and folders 文本框最后增加 "*.meta;"，如图 5-6 所示。

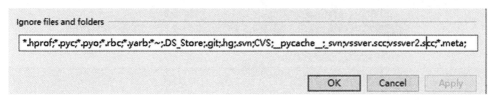

图 5-6

5.1.5　忽略目录

开发过程中有些构建的 build 目录或 temp 目录，通常需要过滤掉，避免查找函数原型时查看到不关心的文件。

通常需要过滤掉的目录包括 library、local、packages、settings、temp 等，也可以根据实际情况进行选择，然后右击鼠标，在弹出的快捷菜单中选择 Mark Directory as → Excluded 命令，如图 5-7 所示。

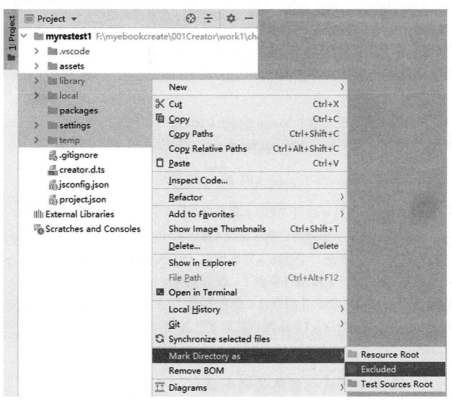

图 5-7

设置完成之后的目录颜色如图 5-8 所示。

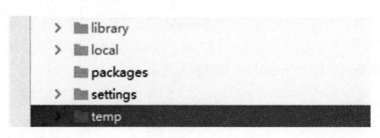

图 5-8

5.1.6 查看函数原型

开发游戏过程中，经常需要查看函数的原型，如引擎官方的函数原型接口 API，或其他合作者的函数原型定义，可以使用快捷键 Ctrl + B 快速查看。

5.2 Visual Studio Code 代码编辑环境配置

Visual Studio Code（VS Code）是微软新推出的轻量化跨平台免费 IDE，支持 Windows、Mac、Linux 平台，安装和配置非常简单。通过下面介绍的设置方法，使用 VS Code 管理和编辑项目脚本代码，可以轻松实现语法高亮、智能代码提示等功能。

5.2.1 安装 VS Code

前往 VS Code 的 官方网站（https://code.visualstudio.com/），单击首页的下载链接即可下载。

Mac 用户解压下载包后双击 Visual Studio Code 即可运行。

Windows 用户下载后运行 VSCodeSetup.exe，按提示完成安装即可运行。

5.2.2 安装 Cocos Creator API 适配插件

在 Cocos Creator 中打开项目，执行主菜单命令【开发者】→【VS Code 工作流】→【安装 VS Code 扩展插件】。该操作会将 Cocos Creator API 适配插件安装到 VS Code 全局的插件文件夹中，一般在用户 Home 文件夹中的 .vscode/extensions 目录下。这个操作只需要执行一次，如果 API 适配插件更新了，则需要再次运行来更新插件。

安装成功后会在【控制台】面板显示绿色的提示：VS Code extension installed to ...。这个插件的主要功能是为 VS Code 编辑状态下注入符合 Cocos Creator 组件脚本使用习惯的语法提示。

5.2.3 在项目中生成智能提示数据

如果希望在代码编写过程中自动提示 Cocos Creator 引擎 API，需要通过菜单生成 API 智能提示数据并自动放到项目路径下。

执行主菜单命令【开发者】→【VS Code 工作流】→【更新 VS Code 智能提示数

据】。该操作会将根据引擎 API 生成的 creator.d.ts 数据文件复制到项目根目录下（注意是在 assets 目录外面），操作成功时会在【控制台】面板中显示绿色提示：API data generated and copied to ...。

对于每个不同的项目都需要运行一次这个命令，如果 Cocos Creator 版本更新了，打开项目前也需要重新运行一次这个命令，来同步最新引擎的 API 数据。

注意：

（1）从 VS Code 0.10.11 版开始，需要在项目根目录中添加 jsconfig.json 设置文件，才能正确使用包括智能提示在内的 JavaScript 语言功能，在执行上面的命令时，预设的 jsconfig.json 文件会和 creator.d.ts 一起自动复制到项目根目录中。

（2）JavaScript 项目不需要执行【添加 TypeScript】命令。因为该功能会在项目根目录生成 tsconfig.json 文件，让 TypeScript 代码拥有智能提示，但是会导致 JavaScript 代码的智能提示失效。若出现该问题，删除 tsconfig.json 文件即可。

5.2.4　切换 VS Code 语言

VS Code 默认使用的语言为英文（us），将其显示语言修改成中文的方法如下。

（1）打开 VS Code 工具，按 Ctrl+Shift+p 组合键，在搜索框中输入"configure display language"，如图 5-9 所示。

图 5-9

（2）单击【确定】按钮后，选择 Install additional languages。

（3）在左侧列表中选择中文简体语言包，单击 Install 按钮，如图 5-10 所示。

图 5-10

（4）安装完成后，右下角会出现"是否切换到新语言"提示，单击 Yes 按钮，如图 5-11 所示。

图 5-11

（5）VS Code 自动重启后就切换到了中文界面，如图 5-12 所示。

图 5-12

5.2.5　使用 VS Code 打开和编辑项目

运行 VS Code，执行主菜单命令【文件】→【打开文件夹】，在弹出的对话框中选择项目根目录，也就是 assets、project.json 所在的路径。

新建一个脚本，或者打开原有的脚本编辑时，就可以享受智能语法提示的功能了，如图 5-13 所示。

图 5-13

注意：creator.d.ts 文件必须放在 VS Code 打开的项目路径下，才能使用智能提示功能。

5.2.6　设置文件显示和搜索过滤

（1）在 VS Code 的主菜单中执行【文件】→【首选项】→【设置】命令，或者单击左下角的【设置】按钮。

（2）弹出【设置】对话框，在搜索文本框中输入"exclude"，依次选择【文本编辑器】

→【文件】→ Files: Exclude →【添加模式】选项，添加 "**/*.meta"，如图 5-14 所示。

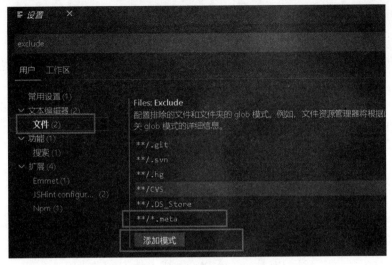

图 5-14

（3）依次选择【功能】→【搜索】→ Search: Exclude →【添加模式】选项，将 build 、library、temp 等目录添加到排除查找目录中，如图 5-15 所示。

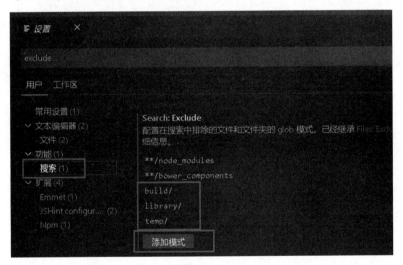

图 5-15

5.3　JavaScript 快速入门

5.3.1　概述

本节以介绍 JavaScript 为主，初学者掌握本文内容后，将能够对 JavaScript 有大体了解，并且满足 Cocos Creator 的开发需求。

JavaScript 是一门充满争议的编程语言，它以 Java 命名，但实际上和 Java 毫无关系。

JavaScript 的创造只用了 10 天时间，但在 20 年时间里却发展成世界上最流行的 Web 开发语言。如果为 JavaScript 今日的地位和流行程度找一个原因，那毫无疑问是容易上手的语言特性。当然，精通 JavaScript 是一项艰巨的任务，但学会足够开发 Web 应用和游戏的知识却很简单，如果你已经有了一定编程基础，熟悉 JavaScript 语言特性不会花费多长时间。

另外，在使用 Cocos Creator 开发游戏时大多数情况下都会重复使用一些固有的模式。根据帕雷托法则（也叫二八定律），掌握一门语言的 20% 就足够应付 80% 以上的情况了。

5.3.2 变量

在 JavaScript 中，这样声明一个变量：

```
var a;
```

保留字 var 之后紧跟着的就是一个变量名，接下来为变量赋值：

```
var a = 12;
```

在阅读其他人的 JavaScript 代码时，还会看到下面这样的变量声明：

```
a = 12;
```

在阅读其他人写的浏览器 JavaScript 代码时，会发现 JavaScript 在面对省略 var 时的变量声明并不会报错，但在 Cocos Creator 项目脚本中，声明变量时的 var 是不能省略的，否则编译器会报错。

5.3.3 函数

在 JavaScript 里这样声明函数：

```
var myAwesomeFunction = function (myArgument) {
    // do something
}
```

调用函数：

```
myAwesomeFunction(something);
```

函数声明也和变量声明一样遵从 var something = somethingElse 的模式。因为在 JavaScript 里，函数和变量本质上是一样的，可以像下面这样把一个函数当作参数传入另一个函数中：

```
square = function (a) {
    return a * a;
}
applyOperation = function (f, a) {
    return f(a);
}
applyOperation (square, 10); // 100
```

5.3.4 返回值

函数的返回值是由 return 打头的语句定义的，这里要了解的是函数体内 return 语句之后的内容是不会被执行的。

```
myFunction = function (a) {
    return a * 3;
    explodeComputer(); // will never get executed (hopefully!)
}
```

5.3.5 if

JavaScript 中条件判断语句 if 是这样用的：

```
if (foo) {
    return bar;
}
```

5.3.6 if/else

if 后的值如果为 false，会执行 else 中的语句：

```
if (foo) {
    function1();
}else {
    function2();
}
```

if/else 条件判断还可以像这样写成一行：

```
foo ? function1() : function2();
```

当 foo 的值为 true 时，表达式会返回 function1() 的执行结果，反之，会返回 function2() 的执行结果。当需要根据条件来为变量赋值时，这种写法就非常方便。例如：

```
var n = foo ? 1 : 2;
```

上面的语句可以表述为"当 foo 是 true 时，将 n 的值赋为 1，否则赋为 2"。

当然还可以使用 else if 来处理更多的判断类型：

```
if (foo) {
    function1();
}else if (bar) {
    function2();
}else {
    function3();
}
```

5.3.7　JavaScript 数组（Array）

JavaScript 里这样声明数组：

```
a = [123, 456, 789];
```

这样访问数组中的成员：（从 0 开始索引）

```
a[1]; // 456
```

5.3.8　JavaScript 对象（Object）

声明一个对象（object）：

```
myProfile = {
    name: "Jare Guo",
    email: "blabla@gmail.com",
    'zip code': 12345,
    isInvited: true
}
```

在对象声明的语法（myProfile = {...}）之中，有一组用逗号相隔的键值对，每一对都包括一个 key（字符串类型，有时候会用双引号包裹）和一个 value（可以是任何类型，包括 string、number、boolean、变量名、数组、对象甚至是函数）。将这样的一对键值叫作对象的属性（property），key 是属性名，value 是属性值。

value 可以嵌套其他对象，也可以是由一组对象组成的数组：

```
name: "Jare Guo",
    email: "blabla@gmail.com",
    city: "Xiamen",
    points: 1234,
    isInvited: true,
    friends: [
        {
            name: "Johnny",
            email: "blablabla@gmail.com"
        },
        {
            name: "Nantas",
            email: "piapiapia@gmail.com"
        }
    ]
}
```

访问对象的某个属性非常简单，我们只要使用对象名 . 属性名的点 (.) 语法就可以了，还可以和数组成员的访问结合起来：

```
myProfile.name; // Jare Guo
```

```
myProfile.friends[1].name; // Nantas
```

上例中 myProfile 是对象名，　name 是属性名，然后通过一个点 (.) 连起来就可以访问对象 myProfile 的 name 属性了。

JavaScript 中的对象无处不在，在函数的参数传递中也会大量使用，比如在 Cocos Creator 中，可以像这样定义 FireClass 对象：

```
var MyComponent = cc.Class({
    extends: cc.Component
});
```

{extends: cc.Component} 就是一个用作函数参数的对象。在 JavaScript 中，大多数情况使用对象时都不一定要为它命名，而是直接使用。

5.3.9　匿名函数

用变量声明的语法来定义函数：

```
myFunction = function (myArgument) {
    // do something
}
```

将函数作为参数传入其他函数调用中的用法：

```
square = function (a) {
    return a * a;
}
applyOperation = function (f, a) {
    return f(a);
}
applyOperation(square, 10); // 100
```

我们已经见识了 JavaScript 的语法是多么喜欢偷懒，所以可以用这样的方式代替上面的多个函数声明：

```
applyOperation = function (f, a) {
    return f(a);
}
applyOperation(
    function(a){
      return a*a;
    },
    10
) // 100
```

上面代码中并没有声明 square 函数，并将 square 作为参数传递，而是在参数的位置直接写了一个新的函数体，这种做法被称为匿名函数，是 JavaScript 中最为广泛使用的模式。

5.3.10 链式语法

下面介绍一种在数组和字符串操作中常用的语法：

```
var myArray = [123, 456];
myArray.push(789) // 123, 456, 789var myString = "abcdef";
myString.replace("a", "z"); // "zbcdef"
```

上面代码中的点符号表示"调用 myString 字符串对象的 replace 函数，并且传递 a 和 z 作为参数，然后获得返回值"。

使用点符号的表达式，最大的优点是可以把多项任务链接在一个表达式里，前提是每个调用的函数必须有合适的返回值。

链条表达式的每个环节都会接到一个初始值，调用一个函数，然后把函数执行结果传递到下一环节：

```
var n = 5;
n.double().square(); //100
```

5.3.11 this 关键字

this 可能是 JavaScript 中最难以理解和掌握的概念了。

简单地说，this 关键字能访问正在处理的对象：就像变色龙一样，this 也会随着执行环境的变化而变化。

解释 this 的原理是很复杂的，下面使用两种工具来帮助我们在实践中理解 this 的值。

（1）最普通又最常用的 console.log()，它能够将对象的信息输出到浏览器的控制台里。在每个函数体开始的地方加入一个 console.log()，确保我们了解当时运行环境下正在处理的对象是什么。

```
myFunction = function (a, b) {
    console.log(this);
    // do something
}
```

（2）将 this 赋值给另外一个变量。

```
myFunction = function (a, b) {
    var myObject = this;
    // do something
}
```

上面的代码允许安全地使用 myObject 这个变量来指代最初执行函数的对象，而不用担心在后面的代码中 this 会变成其他东西。

5.3.12 运算符

"="是赋值运算符，a = 12 表示把 "12" 赋值给变量 a。

如果需要比较两个值，可以使用"=="，例如 a == 12。

JavaScript 中还有个独特的运算符"==="，它能够比较两边的值和类型（类型是指 string、number 等）是否全部相同。

```
a = "12";
a == 12; // true
a === 12; // false
```

多数情况下，推荐使用"==="运算符来比较两个值，因为比较两个不同类型但有着相同值的情况是比较少见的。

下面是 JavaScript 判断两个值是否不相等的比较运算符：

```
a = 12;
a !== 11; // true
```

"!"运算符还可以单独使用，用来对一个 boolean 值取反：

```
a = true;
!a; // false
```

"!"运算符总会得到一个 boolean 类型的值，所以可以用来将非 boolean 类型的值转为 boolean 类型：

```
a = 12;
!a; // false
!!a; // true
```

或者：

```
a = 0;
!a; // true
!!a; // false
```

5.3.13　代码风格

最后，下面这些代码风格上的规则能帮助我们写出更清晰明确的代码。

（1）使用驼峰命名法。定义 myRandomVariable 这样的变量名，而不是 my_random_variable。

（2）在每一行结束时写一个";"，尽管在 JavaScript 里行尾的 ; 是可以忽略的。

（3）在每个关键字前后都加上空格，如 a = b + 1，而不是 a=b+1。

5.3.14　组合学到的知识

以上基础的 JavaScript 语法知识已经介绍完了，下面来看看能否理解实际的 Cocos Creator 脚本代码。

```
var Comp = cc.Class({
    extends: cc.Component,

    properties: {
```

```
        target: {
            default: null,
            type: cc.Entity
        }
    },

    onStart: function () {
        this.target = cc.Entity.find('/Main Player/Bip/Head');
    },

    update: function () {
            this.transform.worldPosition = this.target.transform.
worldPosition;
    }
});
```

这段代码向引擎定义了一个新组件，这个组件具有一个 target 参数，在运行时会初始化为指定的对象，并且在运行的过程中每一帧都将自己设置成和 target 相同的坐标。

下面分别看下每一句的作用。

● var Comp = cc.Class({：这里使用 cc 这个对象，通过点语法来调用对象的 Class() 方法（该方法是 cc 对象的一个属性），调用时传递的参数是一个匿名的 JavaScript 对象（{}）。

● extends: cc.Component：这个键值对声明 Class 的父类是 cc.Component。cc.Component 是 Cocos Creator 的内置类型。

● target: { default: null, type: cc.Entity }：这个键值对声明了一个名为 target 的属性，值是另一个 JavaScript 匿名对象。这个对象定义了 target 的默认值和值类型。

● onStart: function ()：这一对键值定义了一个成员方法，叫作 onStart，它的值是一个匿名函数。

● this.target = cc.Entity.find()：在这一句的上下文中，this 表示正在被创建的组件，这里通过 this.target 来访问 target 属性。

5.4 使用脚本

5.4.1 创建和编辑脚本

在 Cocos Creator 中，脚本也是资源的一部分。可以在【资源编辑器】中单击【＋】按钮来添加并选择 JavaScript 或者 TypeScript 来创建一份组件脚本，如图 5-16 所示。

图 5-16

一份简单的组件脚本如下：

```
cc.Class({
    extends: cc.Component,
    properties: {
    },
    // use this for initialization
    onLoad: function () {
    },
    // called every frame, uncomment this function to activate update
    callback
    update: function (dt) {
    },
});
```

用户可根据自己的需求，选择自己喜爱的文本工具（如 Vim、Sublime Text、Web Storm、VS Code 等）进行脚本编辑。

双击脚本资源，可以直接打开脚本编辑器进行脚本编辑，编辑完保存即可，Cocos Creator 会自动检测到脚本的改动，并迅速编译。

5.4.2　添加脚本到场景节点中

将脚本添加到场景节点中，实际上就是为这个节点添加一份组件。先将刚刚创建出来的 NewScript.js 重命名为 my_hello.js，然后选中希望添加的场景节点，此时该节点的属性会显示在【属性检查器】中。在【属性检查器】最下方有一个【添加组件】按钮，单击该按钮并在弹出的菜单中选择【用户脚本组件】→ my_hello 命令，来添加刚刚编写的脚本组件，如图 5-17 所示。

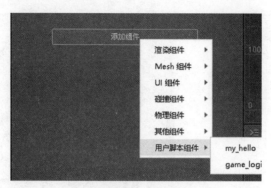

图 5-17

此时将会看到脚本显示在【属性检查器】中，如图 5-18 所示。

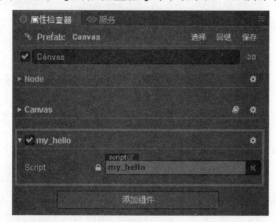

图 5-18

注意：用户也可以通过直接拖曳脚本资源到【属性检查器】的方式来添加脚本。

5.4.3 使用 cc.Class 声明类型

cc.Class 是一个很常用的 API，用于声明 Cocos Creator 中的类，为了方便区分，把使用 cc.Class 声明的类叫作 CCClass。

1. 定义 CCClass

调用 cc.Class，传入一个原型对象，在原型对象中以键值对的形式设定所需的类型参数，就能创建出所需要的类。

```
var Sprite = cc.Class({
    name: "sprite"
});
```

以上代码用 cc.Class 创建了一个类型，并且赋给了 Sprite 变量。同时还将类名设为 sprite，类名用于序列化，一般可以省略。

2. 实例化

Sprite 变量保存的是一个 JavaScript 构造函数，可以直接 new 出一个对象：

```
var obj = new Sprite();
```

3. 判断类型

需要做类型判断时，可以用 JavaScript 原生的 instanceof：

```
cc.log(obj instanceof Sprite);        // true
```

4. 构造函数

使用 ctor 声明构造函数：

```
var Sprite = cc.Class({
    ctor: function () {
        cc.log(this instanceof Sprite);     // true
    }
});
```

5. 实例方法

```
var Sprite = cc.Class({
    // 声明一个名叫 "print" 的实例方法
    print: function () { }
});
```

6. 继承

使用 extends 实现继承：

```
// 父类 var Shape = cc.Class();
// 子类 var Rect = cc.Class({
    extends: Shape
});
```

7. 父构造函数

继承后，CCClass 会统一自动调用父构造函数，不需要显式调用。

```
var Shape = cc.Class({
    ctor: function () {
        cc.log("Shape");        // 实例化时，父构造函数会自动调用
    }
});
var Rect = cc.Class({
    extends: Shape
});
var Square = cc.Class({
    extends: Rect,
    ctor: function () {
        cc.log("Square");     // 再调用子构造函数
    }
});
var square = new Square();
```

以上代码将依次输出 "Shape" 和 "Square"。

8. 声明属性

通过在组件脚本中声明属性，可以将脚本组件中的字段可视化地展示在【属性检查器】中，从而方便地在场景中调整属性值。

要声明属性，仅需要在 cc.Class 定义的 properties 字段中填写属性名字和属性参数即可，如：

```
cc.Class({
    extends: cc.Component,
    properties: {
        userID: 20,
        userName: "Foobar"
    }
});
```

这时候，可以在【属性检查器】中看到刚刚定义的两个属性，如图 5-19 所示。

图 5-19

在 Cocos Creator 中，提供两种形式的属性声明方法。

9. 简单声明

在多数情况下，都可以使用简单声明。

当声明的属性为基本 JavaScript 类型时，可以直接赋予默认值：

```
properties: {
    height: 20,        // number
    type: "actor",     // string
    loaded: false,     // boolean
    target: null,      // object
}
```

当声明的属性具备类型时（如 cc.Node、cc.Vec2 等），可以在声明处填写它们的构造函数来完成声明，如：

```
properties: {
    target: cc.Node,
    pos: cc.Vec2,
}
```

当声明属性的类型继承自 cc.ValueType 时（如 cc.Vec2、cc.Color 或 cc.Rect），除

了上面的构造函数，还可以直接使用实例作为默认值：

```
properties: {
    pos: new cc.Vec2(10, 20),
    color: new cc.Color(255, 255, 255, 128),
}
```

当声明属性是一个数组时，可以在声明处填写它们的类型或构造函数来完成声明，如：

```
properties: {
    any: [],          // 不定义具体类型的数组
    bools: [cc.Boolean],
    strings: [cc.String],
    floats: [cc.Float],
    ints: [cc.Integer],

    values: [cc.Vec2],
    nodes: [cc.Node],
    frames: [cc.SpriteFrame],
}
```

注意：除了以上几种情况，其他类型都需要使用完整声明的方式来进行属性声明。

10. 完整声明

有些情况下，需要为属性声明添加参数，这些参数控制了属性在【属性检查器】中的显示方式，以及属性在场景序列化过程中的行为。例如：

```
properties: {
    score: {
        default: 0,
        displayName: "Score (player)",
        tooltip: "The score of player",
    }
}
```

以上代码为 score 属性设置了三个参数 default、displayName 和 tooltip。这几个参数分别指定了 score 的默认值为 0；其属性名在属性检查器里显示为："Score (player)"；并且当鼠标指针移到参数上时，显示对应的 Tooltip。

下面是常用参数。

（1）default。设置属性的默认值，这个默认值仅在组件第一次添加到节点上时才会用到。

（2）type。限定属性的数据类型。

（3）visible。设为 false 则不在【属性检查器】面板中显示该属性。

（4）serializable。设为 false 则不序列化（保存）该属性。

（5）displayName。在【属性检查器】面板中显示属性的指定名字。

（6）tooltip。在【属性检查器】面板中添加属性的 Tooltip。

11. 数组声明

数组的 default 必须设置为 []，如果要在【属性检查器】中编辑，还需要设置 type 为构造函数、枚举，或者 cc.Integer、cc.Float、cc.Boolean 和 cc.String 等。

```
properties: {
    names: {
        default: [],
        type: [cc.String]      //用 type 指定数组的每个元素都是字符串类型
    },

    enemies: {
        default: [],
        type: [cc.Node]        //type 同样写成数组，提高代码可读性
    },
}
```

12. get/set 声明

在属性中设置了 get 或 set 以后，访问属性的时候，就能触发预定义的 get 或 set 方法。定义方法如下：

```
properties: {
    width: {
        get: function () {
            return this._width;
        },
        set: function (value) {
            this._width = value;
        }
    }
}
```

如果只定义 get 方法，那相当于属性只读。

5.4.4 访问节点和组件

可以在【属性检查器】里修改节点和组件，也能在脚本中动态修改。动态修改的好处是能够在一段时间内连续地修改属性、过渡属性，实现渐变效果。脚本还能够响应玩家输入，能够修改、创建和销毁节点或组件，实现各种各样的游戏逻辑。要实现这些效果，需要先在脚本中获得要修改的节点或组件。

本节将介绍如何获得组件所在的节点、获得其他组件、利用【属性检查器】设置节点和组件、查找子节点、全局名字查找、访问已有变量里的值等方法。

1. 获得组件所在的节点

获得组件所在的节点很简单，只要在组件方法里访问 this.node 变量：

```
start: function () {
    var node = this.node;
    node.x = 100;
}
```

2. 获得其他组件

要获得同一个节点上的其他组件需要用到 getComponent 这个 API 来帮忙查找。

```
start: function () {
    var label = this.getComponent(cc.Label);
    var text = this.name + 'started';

    // Change the text in Label Component
    label.string = text;
}
```

也可以为 getComponent 传入一个类名。对于用户定义的组件而言，类名就是脚本的文件名，并且区分大小写。例如，SinRotate.js 里声明的组件，类名就是 SinRotate。

```
var rotate = this.getComponent("SinRotate");
```

节点上也有一个 getComponent() 方法，它们的作用是一样的：

```
start: function () {
        cc.log(this.node.getComponent(cc.Label) === this.
getComponent(cc.Label));  // true
    }
```

如果在节点上找不到需要的组件，getComponent () 将返回 null，如果尝试访问 null 的值，将会在运行时抛出 TypeError 这个错误。因此，如果不确定组件是否存在，应进行判断：

```
    start: function () {
        var label = this.getComponent(cc.Label);
        if (label) {
            label.string = "Hello";
        }
        else {
            cc.error("Something wrong?");
        }
    }
```

3. 获得其他节点及其组件

仅仅能访问节点自己的组件是不够的，通常还需要进行多个节点之间的交互。例如，一门自动瞄准玩家的大炮，就需要不断获取玩家的最新位置。Cocos Creator 提供了一些不同的方法来获得其他节点或组件。

135

4. 利用【属性检查器】设置节点

最直接的方式就是在【属性检查器】中设置需要的对象。以节点为例，只需要在脚本中声明一个 type 为 cc.Node 的属性：

```
// Cannon.js

cc.Class({

    extends: cc.Component,

    properties: {

        // 声明 player 属性

        player: {

            default: null,

            type: cc.Node

        }

    }

});
```

这段代码在 properties 里面声明了一个 player 属性，默认值为 null，并且指定它的对象类型为 cc.Node，这就相当于在其他语言里声明了 public cc.Node player = null;。脚本编译之后，这个组件在【属性检查器】中看起来如图 5-20 所示。

图 5-20

接着就可以将【层级管理器】上的任意一个节点拖到这个 Player 控件上，如图 5-21 所示。

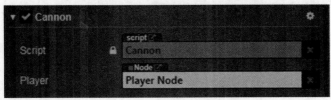

图 5-21

此时，player 属性就被设置成功了，可以直接在脚本里访问 player：

```
// Cannon.js

cc.Class({
```

```
    extends: cc.Component,
    properties: {
        // 声明 player 属性
        player: {
            default: null,
            type: cc.Node
        }
    },

    start: function () {
        cc.log("The player is " + this.player.name);
    },
    // ...
});
```

5. 利用【属性检查器】设置组件

在上面的例子中，如果将属性的类型（type）声明为 Player 组件，当拖动节点 Player Node 到【属性检查器】时，player 属性就会被设置为这个节点里面的 Player 组件，这样就不需要再自己调用 getComponent 函数了。

```
// Cannon.js
var Player = require("Player");

cc.Class({
    extends: cc.Component,
    properties: {
        // 声明 player 属性，这次直接是组件类型
        player: {
            default: null,
            type: Player
        }
    },

    start: function () {
        var playerComp = this.player;
        this.checkPlayer(playerComp);
    },

    // ...
});
```

还可以将属性的默认值由 null 改为数组 []，这样就能在【属性检查器】中同时设置多个对象。

不过如果需要在运行时动态获取其他对象，还需要用到下面介绍的查找方法。

6. 查找子节点

有时候，游戏场景中会有很多相同类型的对象，如炮塔、敌人和特效等，它们通常都由一个全局的脚本来统一管理。如果用【属性检查器】逐个将它们关联到脚本上，工作就会很烦琐。为了更好地统一管理这些对象，可以把它们放到一个统一的父物体下，然后通过父物体来获得所有的子物体：

```
// CannonManager.js

cc.Class({
    extends: cc.Component,

    start: function () {
        var cannons = this.node.children;
        // ...
    }
});
```

还可以使用 getChildByName：

```
this.node.getChildByName("Cannon 01");
```

如果子节点的层次较深，还可以使用 cc.find，cc.find 将根据传入的路径进行逐级查找：

```
cc.find("Cannon 01/Barrel/SFX", this.node);
```

7. 全局名字查找

当 cc.find 只传入第一个参数时，将从场景根节点开始逐级查找：

```
this.backNode = cc.find("Canvas/Menu/Back");
```

8. 访问已有变量里的值

如果已经在一个地方保存了节点或组件的引用，也可以直接访问它们，一般有两种方式。

（1）通过全局变量访问。

用全局变量时，应该有清楚的目的，这里并不推荐滥用全局变量，即使用也最好保证全局变量只读。

定义一个全局对象 window.Global，该对象包含了 backNode 和 backLabel 两个属性。

```
// Globals.js, this file can have any name
window.Global = {
    backNode: null,
    backLabel: null,
};
```

由于所有脚本都强制声明为 "use strict"，因此定义全局变量时的 window 不可省略。接着可以在合适的地方直接访问并初始化 Global：

```
// Back.js

cc.Class({
    extends: cc.Component,

    onLoad: function () {
        Global.backNode = this.node;
        Global.backLabel = this.getComponent(cc.Label);
    }
});
```

初始化后，就能在任何地方访问到 Global 里的值：

```
// AnyScript.js

cc.Class({
    extends: cc.Component,

    // start 会在 onLoad 之后执行，所以这时 Global 已经初始化过了
    start: function () {
        var text = 'Back';
        Global.backLabel.string = text;
    }
});
```

访问全局变量时，如果变量未定义将会抛出异常。添加全局变量时，小心不要和系统已有的全局变量重名。需要小心确保全局变量使用之前都已初始化和赋值。

（2）通过模块访问。

如果不想用全局变量，可以使用 require 来实现脚本的跨文件操作。

```
// Global.js, now the filename matters
module.exports = {
    backNode: null,
    backLabel: null,
};
```

每个脚本都能用 require + 文件名 (不含路径) 来获取到对方 exports 的对象。

```
// Back.js
// this feels more safe since you know where the object comes fromvar
    Global = require("Global");

cc.Class({
    extends: cc.Component,

    onLoad: function () {
```

```
        Global.backNode = this.node;
        Global.backLabel = this.getComponent(cc.Label);
    }
});
// AnyScript.js
// this feels more safe since you know where the object comes fromvar
  Global = require("Global");

cc.Class({
    extends: cc.Component,

    // start 会在 onLoad 之后执行，所以这时 Global 已经初始化过了
    start: function () {
        var text = "Back";
        Global.backLabel.string = text;
    }
});
```

5.4.5 常用节点和组件接口

在通过访问节点和组件的方法获取到节点或组件实例后，本节将会介绍通过节点和组件实例可以获得哪些常用接口实现需要的种种效果和操作。这一篇也可以认为是 cc. Node 和 cc.Component 类的 API 阅读指南，可以配合 API 一起学习理解。

1. 节点状态和层级操作

假设在一个组件脚本中，通过 this.node 访问当前脚本所在节点。

1) 激活 / 关闭节点

节点默认是激活的，可在代码中设置它的激活状态，方法是设置节点的 active 属性：

```
this.node.active = false;
```

设置 active 属性和在编辑器中切换节点的激活、关闭状态效果是一样的。当一个节点处于关闭状态时，它的所有组件都将被禁用。同时它所有子节点以及子节点上的组件也会跟着被禁用。要注意的是，子节点被禁用时，并不会改变它们的 active 属性，因此当父节点重新激活的时候它们就会回到原来的状态。

也就是说，active 表示的其实是该节点自身的激活状态，而这个节点当前是否可被激活则取决于它的父节点，并且如果它不在当前场景中，也无法被激活。可以通过节点上的只读属性 activeInHierarchy 来判断它当前是否已经激活。

```
this.node.active = true;
```

若节点原先就处于可被激活状态，修改 active 为 true 就会立即触发激活操作：

（1）在场景中重新激活该节点和节点下所有 active 为 true 的子节点。

（2）该节点和所有子节点上的所有组件都会被启用，它们中的 update 方法之后每

帧会执行。

（3）这些组件上如果有 onEnable 方法，这些方法将被执行。

```
this.node.active = false;
```

如该节点原先已经被激活，修改 active 为 false 就会立即触发关闭操作。

（1）在场景中隐藏该节点和节点下的所有子节点。

（2）该节点和所有子节点上的所有组件都将被禁用，也就是不会再执行这些组件中的 update 代码。

（3）这些组件上如果有 onDisable 方法，这些方法将被执行。

2）更改节点的父节点

假设父节点为 parentNode，子节点为 this.node，则可以：

```
this.node.parent = parentNode;
```

或

```
this.node.removeFromParent(false);
parentNode.addChild(this.node);
```

这两种方法是等价的。

3）索引节点的子节点

this.node.children：将返回节点的所有子节点数组。

this.node.childrenCount：将返回节点的子节点数量。

注意：以上两个 API 都只会返回节点的直接子节点，不会返回子节点的子节点。

2. 更改节点的变换（位置、旋转、缩放、尺寸）

1）更改节点位置

（1）分别对 x 轴和 y 轴坐标赋值：

```
this.node.x = 100;
this.node.y = 50;
```

（2）使用 setPosition 方法：

```
this.node.setPosition(100, 50);
this.node.setPosition(cc.v2(100, 50));
```

（3）设置 position 变量：

```
this.node.position = cc.v2(100, 50);
```

2）更改节点旋转

```
this.node.rotation = 90;
```

或

```
this.node.setRotation(90);
```

3）更改节点缩放

```
this.node.scaleX = 2;
this.node.scaleY = 2;
```

或

```
this.node.setScale(2);
this.node.setScale(2, 2);
```

setScale 传入单个参数时，会同时修改 scaleX 和 scaleY。

4）更改节点尺寸

```
this.node.setContentSize(100, 100);
this.node.setContentSize(cc.size(100, 100));
```

或

```
this.node.width = 100;
this.node.height = 100;
```

5）更改节点锚点位置

```
this.node.anchorX = 1;
this.node.anchorY = 0;
```

或

```
this.node.setAnchorPoint(1, 0);
```

注意：以上这些修改变换的方法会影响节点上挂载的渲染组件，比如 Sprite 图片的尺寸、旋转等。

3. 颜色和不透明度

在使用 Sprite、Label 这些基本的渲染组件时，要注意修改颜色和不透明度的操作只能在节点的实例上进行，因为这些渲染组件本身并没有设置颜色和不透明度的接口。

假如有一个 Sprite 的实例为 mySprite，设置它的颜色：

```
mySprite.node.color = cc.Color.RED;
```

设置不透明度：

```
mySprite.node.opacity = 128;
```

4. 常用组件接口

cc.Component 是所有组件的基类，任何组件都包括如下的常见接口（假设在该组件的脚本中，以 this 指代本组件）。

（1）this.node。该组件所属的节点实例。

（2）this.enabled。是否每帧都执行该组件的 update 方法，同时也用来控制渲染组件是否显示。

（3）update(dt)。作为组件的成员方法，在组件的 enabled 属性为 true 时，其中的代码会每帧执行。

（4）onLoad()。组件所在节点进行初始化时（节点添加到节点树时）执行。

（5）start()。会在该组件第一次 update(dt) 函数接口之前执行，通常用于需要在所有组件的 onLoad 初始化完毕后执行的逻辑。

5.5 组件生命周期和脚本执行顺序

5.5.1 组件脚本生命周期

Cocos Creator 为组件脚本提供了生命周期的回调函数，用户只要定义特定的回调函数，Creator 就会在特定的时期自动执行相关脚本，不需要手工调用它们。

目前提供给用户的生命周期回调函数主要有 onLoad、start、update、lateUpdate、onEnable、onDisable、onDestroy。

1. onLoad

组件脚本的初始化阶段，提供了 onLoad 回调函数。onLoad 回调会在节点首次激活时触发，比如所在的场景被载入，或者所在节点被激活的情况下。在 onLoad 阶段，保证了可以获取到场景中的其他节点，以及节点关联的资源数据。onLoad 总是会在任何 start 方法调用前执行，这能用于安排脚本的初始化顺序。通常可以在 onLoad 阶段去做一些初始化相关的操作。例如：

```
cc.Class({
  extends: cc.Component,

  properties: {
    bulletSprite: cc.SpriteFrame,
    gun: cc.Node,
  },

  onLoad: function () {
    this._bulletRect = this.bulletSprite.getRect();
    this.gun = cc.find('hand/weapon', this.node);
  },
});
```

2. start

start 回调函数会在组件第一次激活前，也就是第一次执行 update 之前触发。start 通常用于初始化一些中间状态的数据，这些数据可能在 update 时会发生改变，并且被频繁地 enable 和 disable。

```
cc.Class({
  extends: cc.Component,

  start: function () {
    this._timer = 0.0;
  },

  update: function (dt) {
```

```
    this._timer += dt;
    if ( this._timer >= 10.0 ) {
      console.log('I am done!');
      this.enabled = false;
    }
  },
});
```

3. update

游戏开发的一个关键点是在每一帧渲染前更新物体的行为、状态和方位，这些更新操作通常都放在 update 回调中。

```
cc.Class({
  extends: cc.Component,
  update: function (dt) {
    this.node.setPosition( 0.0, 40.0 * dt );
  }
});
```

4. lateUpdate

update 会在所有动画更新前执行，但如果要在动效（如动画、粒子、物理等）更新之后才进行一些额外操作，或者希望在所有组件的 update 都执行完之后才进行其他操作，那就需要用到 lateUpdate 回调。

```
cc.Class({
  extends: cc.Component,
  lateUpdate: function (dt) {
    this.node.rotation = 20;
  }
});
```

5. onEnable

当组件的 enabled 属性从 false 变为 true 时，或者所在节点的 active 属性从 false 变为 true 时，会激活 onEnable 回调。倘若节点第一次被创建且 enabled 为 true，则会在 onLoad 之后、start 之前被调用。

6. onDisable

当组件的 enabled 属性从 true 变为 false 时，或者所在节点的 active 属性从 true 变为 false 时，会激活 onDisable 回调。

7. onDestroy

当组件或者所在节点调用了 destroy 函数，则会调用 onDestroy 回调，并在帧结束时统一回收组件。

5.5.2　组件脚本执行顺序

1. 使用统一的控制脚本来初始化其他脚本

一般会使用一个 Game.js 脚本作为总的控制脚本，假如有 Player.js、Enemy.js、 Menu.js 三个组件，那么它们的初始化过程是这样的：

```
// Game.js
const Player = require('Player');const Enemy = require('Enemy');const
Menu = require('Menu');

cc.Class({
    extends: cc.Component,
    properties: {
        player: Player,
        enemy: Enemy,
        menu: Menu
    },

    onLoad: function () {
        this.player.init();
        this.enemy.init();
        this.menu.init();
    }
});
```

其中，需要在 Player.js、 Enemy.js 和 Menu.js 中实现 init 方法，并将初始化逻辑放进去。这样就可以保证 Player、 Enemy 和 Menu 的初始化顺序。

2. 在 Update 中用自定义方法控制更新顺序

如果要保证以上三个脚本每帧的更新顺序，也可以将分散在每个脚本里的 update 替换成自己定义的方法：

```
// Player.js
    updatePlayer: function (dt) {
        // do player update
    }
```

然后在 Game.js 脚本的 update 里调用这些方法：

```
// Game.js
    update: function (dt) {
        this.player.updatePlayer(dt);
        this.enemy.updateEnemy(dt);
        this.menu.updateMenu(dt);
    }
```

145

3. 控制同一个节点上组件的执行顺序

同一个节点上组件脚本的执行顺序，可以通过组件在【属性检查器】里的排列顺序来控制。排列在上的组件会优于排列在下的组件执行。可以通过组件右上角【设置】菜单里的 Move Up 和 Move Down 命令来调整组件的排列顺序和执行顺序。

假如有两个组件 CompA 和 CompB，它们的内容分别是：

```javascript
// CompA.js
cc.Class({
    extends: cc.Component,

    onLoad: function () {
        cc.log('CompA onLoad!');
    },

    start: function () {
        cc.log('CompA start!');
    },

    update: function (dt) {
        cc.log('CompA update!');
    },
});
// CompB.js
cc.Class({
    extends: cc.Component,

    onLoad: function () {
        cc.log('CompB onLoad!');
    },

    start: function () {
        cc.log('CompB start!');
    },

    update: function (dt) {
        cc.log('CompB update!');
    },
});
```

组件顺序 CompA 在 CompB 上面时，输出：

```
CompA onLoad!
CompB onLoad!
```

```
CompA start!
CompB start!
CompA update!
CompB update!
```

在【属性检查器】里执行 CompA 组件右上角【设置】菜单里的 Move Down 命令将 CompA 移到 CompB 下面后，输出：

```
CompB onLoad!
CompA onLoad!
CompB start!
CompA start!
CompB update!
CompA update!
```

4. 设置组件执行优先级

如果以上方法依然不能提供所需的控制粒度，还可以直接设置组件的 executionOrder。executionOrder 会影响组件生命周期回调的执行优先级。设置方法如下：

```
// Player.js
cc.Class({
    extends: cc.Component,
    editor: {
        executionOrder: -1
    },

    onLoad: function () {
        cc.log('Player onLoad!');
    }
});
// Menu.js
cc.Class({
    extends: cc.Component,
    editor: {
        executionOrder: 1
    },

    onLoad: function () {
        cc.log('Menu onLoad!');
    }
});
```

executionOrder 越小，该组件相对其他组件就会越先执行。executionOrder 的默认值为 0，因此将其设置为负数的话，就会在其他默认的组件之前执行。executionOrder 只对 onLoad、onEnable、start、update 和 lateUpdate 有效，对 onDisable 和 onDestroy 无效。

5.6 使用脚本创建和销毁节点

5.6.1 创建新节点

除了通过【场景编辑器】创建节点外，也可以在脚本中动态创建节点。通过 new cc.Node() 并将它加入到场景中，可以实现节点创建过程。例如：

```
cc.Class({
  extends: cc.Component,
  properties: {
    sprite: {
      default: null,
      type: cc.SpriteFrame,
    },
  },

  start: function () {
    var node = new cc.Node('Sprite');
    var sp = node.addComponent(cc.Sprite);

    sp.spriteFrame = this.sprite;
    node.parent = this.node;
  },
});
```

5.6.2 克隆已有节点

如果希望动态克隆场景中的已有节点，那么可以通过 cc.instantiate 方法来完成。使用方法如下：

```
cc.Class({
  extends: cc.Component,

  properties: {
    target: {
      default: null,
      type: cc.Node,
    },
  },

  start: function () {
    var scene = cc.director.getScene();
    var node = cc.instantiate(this.target);
```

```
    node.parent = scene;
    node.setPosition(0, 0);
  },
});
```

5.6.3　创建预制节点

和克隆已有节点相似，可以设置一个预制资源（Prefab）并通过 cc.instantiate 生成节点。方法如下：

```
cc.Class({
  extends: cc.Component,

  properties: {
    target: {
      default: null,
      type: cc.Prefab,
    },
  },

  start: function () {
    var scene = cc.director.getScene();
    var node = cc.instantiate(this.target);

    node.parent = scene;
    node.setPosition(0, 0);
  },
});
```

5.6.4　销毁节点

通过 node.destroy() 函数可以销毁节点。但是，销毁的节点并不会立刻被移除，而是在当前帧逻辑更新结束后，统一执行。当一个节点销毁后，该节点就处于无效状态，可以通过 cc.isValid 判断当前节点是否已经被销毁。方法如下：

```
cc.Class({
  extends: cc.Component,

  properties: {
    target: cc.Node,
  },
```

```
start: function () {
// 5s 后销毁目标节点
setTimeout(function () {
    this.target.destroy();
  }.bind(this), 5000);
},

update: function (dt) {
 if (cc.isValid(this.target)) {
    this.target.rotation += dt * 10.0;
  }
},
});
```

5.6.5　destroy 和 removeFromParent 的区别

调用一个节点的 removeFromParent 后，它不一定能完全从内存中释放，因为有可能由于一些逻辑上的问题，导致程序中仍然引用到了这个对象。因此如果一个节点不再使用了，要直接调用它的 destroy 函数，而不是 removeFromParent。destroy 函数不但会激活组件上的 onDestroy，还会降低内存泄漏的概率，同时减轻内存泄漏时的后果。

总之，如果一个节点不再使用，销毁就对了，无须使用 removeFromParent，也无须设置 parent 为 null。

5.7　资源管理

5.7.1　加载和切换场景

在 Cocos Creator 中，使用场景文件名（不包含扩展名）来索引指代场景，并通过以下接口进行加载和切换操作：

```
cc.director.loadScene("MyScene");
```

1. 通过常驻节点进行场景资源管理和参数传递

引擎同时只会运行一个场景，当切换场景时，默认会将场景内所有节点和其他实例销毁。如果需要用一个组件控制所有场景的加载，或在场景之间传递参数数据，就需要将该组件所在节点标记为"常驻节点"，使它在场景切换时不被自动销毁，常驻内存。使用以下接口：

```
cc.game.addPersistRootNode(myNode);
```

上面的接口会将 myNode 变为常驻节点，这样挂在该节点上的组件都可以在场景之间持续作用，可以用这样的方法来存储玩家信息，或存储下一个场景初始化时需要的各种数据。

如果要取消一个节点的常驻属性：

```
cc.game.removePersistRootNode(myNode);
```

需要注意的是，上面的 API 并不会立即销毁指定节点，只是将节点还原为可在场景切换时销毁的节点。

2. 使用全局变量

简单的数值类数据传递也可以使用全局变量的方式进行。

3. 场景加载回调

加载场景时，可以附加一个参数用来指定场景加载后的回调函数：

```
cc.director.loadScene("MyScene", onSceneLaunched);
```

onSceneLaunched 就是声明在本脚本中的一个回调函数，在场景加载后可以用来进一步地进行初始化或数据传递的操作。

由于回调函数只能写在本脚本中，所以场景加载回调通常用来配合常驻节点，在常驻节点上挂载的脚本中使用。

4. 预加载场景

cc.director.loadScene 会在加载场景之后自动切换运行新场景，有时候需要在后台静默加载新场景，并在加载完成后手动进行切换，那就可以预先使用 preloadScene 接口对场景进行预加载：

```
cc.director.preloadScene("table", function () {
    cc.log("Next scene preloaded");
});
```

之后在合适的时间调用 loadScene，就可以真正切换场景了：

```
cc.director.loadScene("table");
```

就算预加载还没完成，也可以直接调用 cc.director.loadScene，预加载完成后场景就会启动。

注意：使用预加载场景资源配合 runScene 的方式进行预加载场景的方法已被废除，不要再使用下面的方法预加载场景。

```
cc.loader.loadRes('MyScene.fire', function(err, res) {
    cc.director.runScene(res.scene);
});
```

5.7.2 获取和动态加载资源

Cocos Creator 有一套统一的资源管理机制，在本节中，将介绍资源属性的声明、在【属性检查器】里设置资源、动态加载资源、加载远程资源和设备资源、资源的依赖和释放等。

1. 资源属性的声明

在 Creator 中，所有继承自 cc.Asset 的类型都统称为资源，如 cc.Texture2D、cc.SpriteFrame、cc.AnimationClip、cc.Prefab 等。它们的加载是统一并且自动化的，相互依赖的资源能够被自动预加载。

例如，当引擎在加载场景时，会先自动加载场景关联到的资源，这些资源如果再关联其他资源，其他资源也会被加载，等加载全部完成后，场景加载才会结束。

脚本中可以这样定义一个 Asset 属性：

```
// NewScript.js
cc.Class({
    extends: cc.Component,
    properties: {
        spriteFrame: {
            default: null,
            type: cc.SpriteFrame
        },
    }
});
```

2. 在【属性检查器】里设置资源

只要在脚本中定义好资源类型，就能直接在【属性检查器】中方便地设置资源。假设创建了这样一个脚本：

```
// NewScript.js
cc.Class({
    extends: cc.Component,
    properties: {
        texture: {
            default: null,
            type: cc.Texture2D
        },
        spriteFrame: {
            default: null,
            type: cc.SpriteFrame
        },
    }
});
```

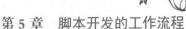

将它添加到节点后，在【属性检查器】中是这样显示的，如图 5-22 所示。

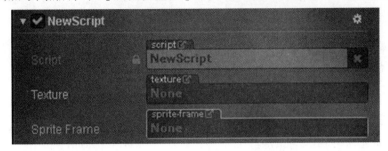

图 5-22

接下来从【资源管理器】里面分别将一张 Texture 和一个 SpriteFrame 拖到【属性检查器】的对应属性中，如图 5-23 所示。

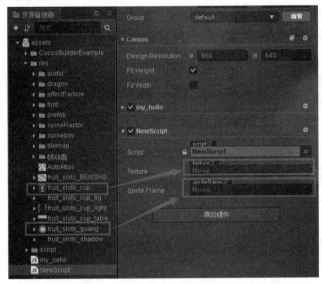

图 5-23

结果如图 5-24 所示。

图 5-24

这样就能在脚本里直接拿到设置好的资源：

```
onLoad: function () {
    var spriteFrame = this.spriteFrame;
```

153

```
        var texture = this.texture;
        spriteFrame.setTexture(texture);
    }
```

在【属性检查器】里设置资源虽然很直观，但资源只能在场景里预先设好，没办法动态切换。如果需要动态切换，需要看看下面的内容。

3. 动态加载资源

动态加载资源要注意两点。

① 所有需要通过脚本动态加载的资源，都必须放置在 resources 文件夹或它的子文件夹下。resources 需要在 assets 文件夹中手工创建，并且必须位于 assets 的根目录下。resources 文件夹中的资源，可以引用文件夹外部的其他资源，同样也可以被外部场景或资源引用。项目构建时，除了已在构建发布面板勾选的场景外，resources 文件夹中的所有资源，连同它们关联依赖的 resources 文件夹外部的资源都会被导出。如果一份资源仅仅是被 resources 中的其他资源所依赖，而不需要直接被 cc.loader.loadRes 调用，那么就不要放在 resources 文件夹里，否则会增大包体和 settings.js 的大小，并且项目中无用的资源，将无法在构建的过程中自动剔除。同时在构建过程中，JSON 的自动合并策略也将受到影响，无法尽可能将零碎的 JSON 合并起来。

② Creator 相比之前的 Cocos2d-JS，资源动态加载的时候都是异步的，需要在回调函数中获得载入的资源。这么做是因为 Creator 除了场景关联的资源外，没有另外的资源预加载列表，实现了资源的动态加载。

1）动态加载 Asset

Creator 提供了 cc.loader.loadRes 这个 API 来专门加载那些位于 resources 目录下的 Asset。和 cc.loader.load 接口不同的是，cc.loader.loadRes 一次只能加载单个 Asset，调用时只要传入相对 resources 的路径即可，并且路径的结尾处不能包含文件扩展名。

```
// 加载 Prefab
cc.loader.loadRes("test assets/prefab", function (err, prefab) {
    var newNode = cc.instantiate(prefab);
    cc.director.getScene().addChild(newNode);
});
// 加载
AnimationClipvar self = this;
cc.loader.loadRes("test assets/anim", function (err, clip) {
    self.node.getComponent(cc.Animation).addClip(clip, "anim");
});
```

2）加载 SpriteFrame

图片设置为 Sprite 后，会在【资源管理器】中生成一个对应的 SpriteFrame。如果直接加载 test assets/image，得到的类型将会是 cc.Texture2D。必须指定第二个参数为资源的类型，才能加载到图片生成的 cc.SpriteFrame：

```
// 加载
SpriteFramevar self = this;
cc.loader.loadRes("test assets/image", cc.SpriteFrame, function (err,
spriteFrame) {
    self.node.getComponent(cc.Sprite).spriteFrame = spriteFrame;
});
```

如果指定了参数类型，就会在路径下查找指定类型的资源。当同一个路径下同时包含了多个重名资源（例如，同时包含 player.clip 和 player.psd），或者需要获取"子资源"（例如，获取 Texture2D 生成的 SpriteFrame）时，就需要声明参数类型。

3）加载图集中的 SpriteFrame

对从 TexturePacker 等第三方工具导入的图集而言，如果要加载其中的 SpriteFrame，则只能先加载图集，再获取其中的 SpriteFrame。这是一种特殊情况。

```
cc.loader.loadRes("test assets/sheep", cc.SpriteAtlas, function (err,
atlas) {
    var frame = atlas.getSpriteFrame('sheep_down_0');
    sprite.spriteFrame = frame
});
```

4）资源释放

loadRes 加载进来的单个资源如果需要释放，可以调用 cc.loader.releaseRes，releaseRes 可以传入和 loadRes 相同的路径和类型参数。

```
cc.loader.releaseRes("test assets/image", cc.SpriteFrame);
cc.loader.releaseRes("test assets/anim");
```

此外，也可以使用 cc.loader.releaseAsset 来释放特定的 Asset 实例。

```
cc.loader.releaseAsset(spriteFrame);
```

5）资源批量加载

cc.loader.loadResDir 可以加载相同路径下的多个资源：

```
// 加载 test assets 目录下所有资源
cc.loader.loadResDir("test assets", function (err, assets) {
    // ...
});
// 加载 test assets 目录下所有 SpriteFrame，并且获取它们的路径
cc.loader.loadResDir("test assets", cc.SpriteFrame, function (err,
assets, urls) {
    // ...
});
```

4. 加载远程资源和设备资源

在目前的 Cocos Creator 中，支持加载远程贴图资源，这对于加载用户头像等需要向服务器请求的贴图很友好。需要注意的是，这需要开发者直接调用 cc.loader.load。同时，如果用户用其他方式下载了资源到本地设备存储中，也需要用同样的 API 来加载，loadRes 等 API 只适用于应用包内的资源和热更新的本地资源。下面是这个 API 的用法：

```
// 远程 url 带图片扩展名 var remoteUrl = "http://unknown.org/someres.png";
cc.loader.load(remoteUrl, function (err, texture) {
    // Use texture to create sprite frame
});
// 远程 url 不带图片扩展名，此时必须指定远程图片文件的类型
remoteUrl = "http://unknown.org/emoji?id=124982374";
cc.loader.load({url: remoteUrl, type: 'png'}, function () {
    // Use texture to create sprite frame
});
// 用绝对路径加载设备存储内的资源，比如相册 var absolutePath = "/dara/data/
some/path/to/image.png"
cc.loader.load(absolutePath, function () {
    // Use texture to create sprite frame
});
```

目前此类手动资源加载还有一些限制，对用户影响比较大的是：

（1）原生平台远程加载不支持图片文件以外类型的资源；

（2）这种加载方式只支持图片、声音、文本等原生资源类型，不支持 SpriteFrame、SpriteAtlas、Tilemap 等资源的直接加载和解析（需要后续版本中的 AssetBundle 支持）；

（3）Web 端的远程加载受到浏览器的 CORS 跨域策略限制，如果对方服务器禁止跨域访问，那么就会加载失败，而且由于 WebGL 安全策略的限制，即使对方服务器允许，http 请求成功之后也无法渲染。

5. 资源的依赖和释放

在加载完资源之后，所有的资源都会临时被缓存到 cc.loader 中，以避免重复加载。当然，缓存的内容都会占用内存，有些资源可能用户不再需要了，想要释放它们，这里介绍进行资源释放时需要注意的事项。

（1）最为重要的一点就是：资源之间是互相依赖的。如图 5-25 所示，Prefab 资源中的 Node 包含 Sprite 组件，Sprite 组件依赖于 SpriteFrame，SpriteFrame 资源依赖于 Texture 资源，而 Prefab、SpriteFrame 和 Texture 资源都被 cc.loader 缓存起来了。这样做的好处是，有可能有另一个 SpriteAtlas 资源依赖于同样的一个 SpriteFrame 和 Texture，那么手动加载这个 SpriteAtlas 的时候，就不需要再重新请求贴图资源了，cc.loader 会自动使用缓存中的资源。

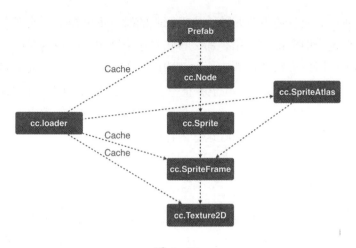

图 5-25

在弄清楚资源的相互引用关系后，资源释放的问题就呼之欲出了，当选择释放一个 Prefab 时，是不会自动释放它依赖的其他资源的，因为有可能这些依赖资源还有其他的用处。所以用户在释放资源时经常会问，为什么要释放该资源？原因就是真正占用内存的贴图等基础资源并不会随着释放 Prefab 或者 SpriteAtlas 而被释放。

（2）要注意的另一个核心：JavaScript 中无法跟踪对象引用。

在 JavaScript 这种脚本语言中，由于其弱类型特性，以及为了代码编写的便利，往往是不包含内存管理功能的，所有对象的内存都由垃圾回收机制来管理。这就导致 JavaScript 层逻辑永远不知道一个对象会在什么时候被释放，这意味着引擎无法通过类似引用计数的机制来管理外部对象对资源的引用，也无法严谨地统计资源是否不再被需要了。因此，目前 cc.loader 的设计实际上是依赖于用户根据游戏逻辑管理资源，用户可以决定在某一时刻不再需要某些资源以及它依赖的资源，立即将它们在 cc.loader 中的缓存释放。也可以选择在释放依赖资源的时候，防止部分共享资源被释放。例如：

```
// 直接释放某个贴图
cc.loader.release(texture);
// 释放一个 prefab 以及所有它依赖的资源
var deps = cc.loader.getDependsRecursively('prefabs/sample');
cc.loader.release(deps);
// 如果在这个 prefab 中有一些和场景其他部分共享的资源，你不希望它们被释放
// 可以将这个资源从依赖列表中删除
var deps = cc.loader.getDependsRecursively('prefabs/sample');
var index = deps.indexOf(texture2d._uuid);
if (index !== -1)
    deps.splice(index, 1);
cc.loader.release(deps);
```

（3）最后一个值得关注的要点：JavaScript 的垃圾回收是延迟的。

当释放了 cc.loader 对某个资源的引用之后，由于考虑不周，游戏逻辑再次请求了

这个资源，此时垃圾回收还没有开始（垃圾回收的时机不可控），或者在游戏某逻辑处仍然持有一个对这个旧资源的引用，那么意味着这个资源还存在内存中，但是 cc.loader 已经访问不到了，所以会重新加载它。这就造成该资源在内存中有两份同样的副本，浪费了内存。如果类似的资源很多，甚至不止一次被重复加载，这对内存的压力是很大的。如果观察到游戏使用的内存曲线有这样的异常，要仔细检查游戏逻辑是否存在泄漏，如果没有，垃圾回收机制是会正常回收这些内存的。

5.8 CCClass 进阶参考

相比其他 JavaScript 类型的系统，CCClass 的特别之处在于功能强大，能够灵活地定义丰富的元数据。CCClass 的技术细节比较丰富，可以在开发过程中慢慢熟悉。本文将列举它的详细用法，阅读前需要先掌握使用 cc.Class 声明类型。

1. 术语

（1）CCClass。使用 cc.Class 声明的类。

（2）原型对象。调用 cc.Class 时传入的字面量参数。

（3）实例成员。包含成员变量和成员方法。

（4）静态成员。包含静态变量和类方法。

（5）运行时。项目脱离编辑器独立运行时，或者在模拟器和浏览器里预览的时候。

（6）序列化。解析内存中的对象，将它的信息编码为一个特殊的字符串，以便保存到硬盘上或传输到其他地方。

2. 原型对象参数说明

所有原型对象的参数都可以省略，用户只需要声明用得到的部分即可。

```
cc.Class({
    // 类名，用于序列化
    // 值类型：String
    name: "Character",
    // 基类，可以是任意创建好的 cc.Class
    // 值类型：Function
    extends: cc.Component,
    // 构造函数
    // 值类型：Function
    ctor: function () {},
    // 属性定义（方式一，直接定义）
    properties: {
        text: ""
    },
    // 属性定义（方式二，使用 ES6 的箭头函数）
    properties: () => ({
```

```
        text: ""
    }),
    // 实例方法
    print: function () {
        cc.log(this.text);
    },
    // 静态成员定义
    // 值类型: Object
    statics: {
        _count: 0,
        getCount: function () {}
    },
    // 提供给 Component 子类专用的参数字段
    // 值类型: Object
    editor: {
        disallowMultiple: true
    }
});
```

1）类名

类名可以是任意字符串，但不允许重复。可以使用 cc.js.getClassName 来获得类名，使用 cc.js.getClassByName 来查找对应的类。对于在项目脚本里定义的组件来说，序列化其实并不使用类名，因此那些组件不需要指定类名。对于其他类来说，类名用于序列化，如果不需要序列化，类名可以省略。

2）构造函数

（1）通过 ctor 定义。CCClass 的构造函数使用 ctor 定义，为了保证反序列化能始终正确运行，ctor 不允许定义构造参数。

开发者如果确实需要使用构造参数，可以通过 arguments 获取，但要记得如果这个类会被序列化，必须保证构造参数都缺省的情况下仍然能 new 出对象。

（2）通过 _ctor_ 定义。_ctor_ 和 ctor 一样，但是允许定义构造参数，并且不会自动调用父构造函数，因此用户可以自行调用父构造函数。_ctor_ 不是标准的构造函数定义方式，如果没有特殊需要一律使用 ctor 定义。

3. 判断类型

1）判断实例

需要作类型判断时，可以用 JavaScript 原生的 instanceof：

```
var Sub = cc.Class({  extends: Base  });
var sub = new Sub();
cc.log(sub instanceof Sub);        // true
cc.log(sub instanceof Base);        // true
var base = new Base();
```

```
cc.log(base instanceof Sub);        // false
```

2）判断类

使用 cc.isChildClassOf 来判断两个类的继承关系：

```
var Texture = cc.Class();var Texture2D = cc.Class({
    extends: Texture
});
cc.log(cc.isChildClassOf(Texture2D, Texture));    // true
```

两个传入参数都必须是类的构造函数，而不是类的对象实例。如果传入的两个类相等，isChildClassOf 同样会返回 true。

4. 成员

1）实例变量

在构造函数中定义的实例变量不能被序列化，也不能在【属性检查器】中查看。

```
var Sprite = cc.Class({
    ctor: function () {
        // 声明实例变量并赋默认值
        this.url = "";
        this.id = 0;
    }
});
```

如果是私有的变量，建议在变量名前面添加下划线以示区分。

2）实例方法

实例方法在原型对象中声明：

```
var Sprite = cc.Class({
    ctor: function () {
        this.text = "this is sprite";
    },
    // 声明一个名叫 "print" 的实例方法
    print: function () {
        cc.log(this.text);
    }
});
var obj = new Sprite();// 调用实例方法
obj.print();
```

3）静态变量和静态方法

静态变量或静态方法可以在原型对象的 statics 中声明：

```
var Sprite = cc.Class({
    statics: {
        // 声明静态变量
        count: 0,
```

```
    // 声明静态方法
    getBounds: function (spriteList) {
        // ...
    }
}
});
```

上面的代码等价于：

```
var Sprite = cc.Class({ ... });
// 声明静态变量
Sprite.count = 0;// 声明静态方法
Sprite.getBounds = function (spriteList) {
    // ...
};
```

静态成员会被子类继承，继承时会将父类的静态变量浅复制给子类，因此：

```
var Object = cc.Class({
    statics: {
        count: 11,
        range: { w: 100, h: 100 }
    }
});var Sprite = cc.Class({
    extends: Object
});

cc.log(Sprite.count);     // 结果是 11，因为 count 继承自 Object 类

Sprite.range.w = 200;
cc.log(Object.range.w);  //结果是 200，因为 Sprite.range 和 Object.range 指向同一个对象
```

如果不需要考虑继承，私有的静态成员也可以直接定义在类的外面：

```
// 局部方法 function doLoad (sprite) {
    // ...
};// 局部变量 var url = "foo.png";
var Sprite = cc.Class({
    load: function () {
        this.url = url;
        doLoad(this);
    };
});
```

5. 继承

1）父构造函数

不论子类是否定义了构造函数，子类实例化前父类的构造函数都会被自动调用。

```
var Node = cc.Class({
    ctor: function () {
        this.name = "node";
    }
});
var Sprite = cc.Class({
    extends: Node,
    ctor: function () {
        // 子构造函数被调用前，父构造函数已经被调用过，所以 this.name 已经被初
        始化过了
        cc.log(this.name);     // "node"
        // 重新设置 this.name
        this.name = "sprite";
    }
});
var obj = new Sprite();
cc.log(obj.name);     // "sprite"
```

因此不需要尝试调用父类的构造函数，否则父构造函数就会重复调用。

```
var Node = cc.Class({
    ctor: function () {
        this.name = "node";
    }
});var Sprite = cc.Class({
    extends: Node,
    ctor: function () {
        Node.call(this);          // 别这么干!
        this._super();            // 也别这么干!
        this.name = "sprite";
    }
});
```

在一些很特殊的情况下，父构造函数接受的参数可能和子构造函数无法兼容，这时只能手动调用父构造函数并传入需要的参数，此时应该将构造函数定义在 _ctor_ 中。

2）重写

所有父类成员方法都是虚方法，子类方法可以直接重写父类方法：

```
var Shape = cc.Class({
    getName: function () {
        return "shape";
    }
});
var Rect = cc.Class({
```

```
    extends: Shape,
    getName: function () {
        return "rect";
    }
});
var obj = new Rect();
cc.log(obj.getName());     // "rect"
```

和构造函数不同的是，父类被重写的方法并不会被 CCClass 自动调用，如果需要调用可采用以下方法。

（1）使用 CCClass 封装的 this._super：

```
var Shape = cc.Class({
    getName: function () {
        return "shape";
    }
});
var Rect = cc.Class({
    extends: Shape,
    getName: function () {

        var baseName = this._super();

        return baseName + " (rect)";
    }
});
var obj = new Rect();
cc.log(obj.getName());    // "shape (rect)"
```

（2）使用 JavaScript 原生写法：

```
var Shape = cc.Class({
    getName: function () {
        return "shape";
    }
});
var Rect = cc.Class({
    extends: Shape,
    getName: function () {

        var baseName = Shape.prototype.getName.call(this);

        return baseName + " (rect)";
    }
```

```
});
var obj = new Rect();
cc.log(obj.getName());    // "shape (rect)"
```

如果想实现继承的父类和子类都不是 CCClass，只是原生的 JavaScript 构造函数，可以用更底层的 API cc.js.extend 来实现继承。

6. 属性

属性是特殊的实例变量，能够显示在【属性检查器】中，也能被序列化。

1）属性和构造函数

属性不用在构造函数里定义，在构造函数被调用前，属性已经被赋为默认值了，可以在构造函数内访问到。如果属性的默认值无法在定义 CCClass 时提供，需要在运行时才能获得，也可以在构造函数中重新给属性赋默认值。

```
var Sprite = cc.Class({
    ctor: function () {
        this.img = LoadImage();
    },
    properties: {
        img: {
            default: null,
            type: Image
        }
    }
});
```

要注意的是，属性被反序列化的过程发生在构造函数执行之后，因此构造函数中只能获得和修改属性的默认值，还无法获得和修改之前保存（序列化）的值。

2）属性参数

所有属性参数都是可选的，但至少必须声明 default、get 和 set 参数其中的一个。

（1）default 参数。default 用于声明属性的默认值，声明了默认值的属性会被 CCClass 实现为成员变量。默认值只有在第一次创建对象时才会用到，即修改默认值时，不会改变已添加到场景里的组件的当前值。在编辑器中添加了一个组件以后，再回到脚本中修改默认值时，【属性检查器】里是看不到变化的。因为属性的当前值已经序列化到了场景中，不再是第一次创建时用到的默认值了。如果要强制把所有属性设回默认值，可以在【属性检查器】的组件菜单中选择 Reset。

default 允许设置为以下几种值类型：

①任意 number、string 或 boolean 类型的值。

② null 或 undefined。

③继承自 cc.ValueType 的子类，如 cc.Vec2、cc.Color 或 cc.Rect 的实例化对象。

```
properties: {
    pos: {
```

```
        default: new cc.Vec2(),
    }
  }
```

④空数组 [] 或空对象 {}。

⑤一个允许返回任意类型值的 function，这个 function 会在每次实例化该类时重新调用，并且以返回值作为新的默认值。

```
properties: {
    pos: {
        default: function () {
            return [1, 2, 3];
        },
    }
}
```

（2）visible 参数。默认情况下，visible 参数是否显示在【属性检查器】里取决于属性名是否以下划线开头。如果以下划线开头，则默认不显示在【属性检查器】里，否则默认显示。

如果要强制 visible 参数显示在【属性检查器】里，可以设置 visible 参数为 true：

```
properties: {
    _id: {        // 下划线开头原本会隐藏
        default: 0,
        visible: true
    }
}
```

如果要强制隐藏 visible 参数，可以设置 visible 参数为 false：

```
properties: {
    id: {         // 非下划线开头原本会显示
        default: 0,
        visible: false
    }
}
```

（3）serializable 参数。指定了 default 默认值的属性默认情况下都会被序列化，序列化后就会将编辑器中设置好的值保存到场景等资源文件中，并在加载场景时自动还原之前设置好的值。如果不想序列化，可以设置 serializable: false。

```
temp_url: {
    default: "",
    serializable: false
}
```

（4）type 参数。当 default 不能提供足够详细的类型信息时，为了能在【属性检查器】中显示正确的输入控件，就要用 type 显式声明具体的类型。

当默认值为 null 时，将 type 设置为指定类型的构造函数，这样【属性检查器】才知道应该显示一个 Node 控件。

```
enemy: {
    default: null,
    type: cc.Node
}
```

当默认值为数值（number）类型时，将 type 设置为 cc.Integer，用来表示一个整数，这样属性在【属性检查器】里就不能输入小数点。

```
score: {
    default: 0,
    type: cc.Integer
}
```

当默认值是一个枚举（cc.Enum）时，由于枚举值本身其实也是一个数字（number），所以要将 type 设置为枚举类型，属性在【属性检查器】中才能显示为枚举下拉框。

```
wrap: {
    default: Texture.WrapMode.Clamp,
    type: Texture.WrapMode
}
```

（5）override 参数。父类所有属性都将被子类继承，如果子类要覆盖父类同名属性，需要显式设置 override 参数，否则会有重名警告：

```
_id: {
    default: "",
    tooltip: "my id",
    override: true
},
name: {
    get: function () {
        return this._name;
    },
    displayName: "Name",
    override: true
}
```

5.9　属性参数

属性参数用来给已定义的属性附加元数据，类似于脚本语言的 Decorator 或者 C# 的 Attribute。

5.9.1　【属性检查器】的相关参数

【属性检查器】的相关参数见表 5-1。

表 5-1　【属性检查器】的相关参数

参数名	说　明	类　型	默认值	备　注
type	限定属性的数据类型	(Any)	undefined	详见 type 参数
visible	在【属性检视器】面板中显示或隐藏	boolean	（注 1）	详见 visible 参数
displayName	在【属性检视器】面板中显示为另一个名字	string	undefined	
tooltip	在【属性检视器】面板中添加属性的 Tooltip	string	undefined	
multiline	在【属性检视器】面板中使用多行文本框	boolean	false	
readonly	在【属性检视器】面板中只读	boolean	false	
min	限定数值在编辑器中输入的最小值	number	undefined	
max	限定数值在编辑器中输入的最大值	number	undefined	
step	指定数值在编辑器中调节的步长	number	undefined	
range	一次性设置 min、max、step	[min, max, step]	undefined	step 值可选
slide	在【属性检视器】面板中显示为滑动条	boolean	false	

5.9.2　序列化相关参数

序列化相关参数不能用于 get 方法，见表 5-2。

表 5-2　序列化相关参数

参数名	说　明	类　型	默认值	备　注
serializable	序列化该属性	boolean	true	
formerlySerializedAs	指定之前序列化所用的字段名	string	undefined	重命名属性时，声明这个参数来兼容之前序列化的数据
editorOnly	在导出项目前剔除该属性	boolean	false	

5.9.3 其他参数

属性的其他参数如表 5-3 所示。

表 5-3　属性的其他参数

参数名	说　明	类　型	默认值	备　注
default	定义属性的默认值	(Any)	undefined	
notify	当属性被赋值时触发指定方法	function (oldValue) {}	undefined	需要定义 default 属性并且不能用于数组，不支持 ES6 定义方式
override	当重写父类属性时需要定义该参数为 true	boolean	false	
animatable	该属性是否能被动画编辑器修改	boolean	undefined	

5.10　本章小结

本章介绍了 Cocos Creator 中程序员必须掌握的技能、编程技能；从 WebStorm 代码编辑器环境配置和 Visual Studio Code 代码编辑环境配置，介绍了 JavaScript 的基本语法，了解这些语法可以让大家快速地开发游戏；创建和编辑脚本，添加脚本到场景节点中，访问节点、其他组件、常用节点和组件接口，重要组件的生命周期和脚本执行顺序，都是非常重要的知识。后续介绍了使用脚本创建和销毁节点，开发多场景的游戏需要掌握加载和切换场景、获取和动态加载资源等，Cocos Creator 提供的 CCClass 和属性参数都是非常重要的概念，通过对本章内容的学习，就可以阅读别人写的游戏，并编写自己的程序代码。

第 6 章　事件系统

一款游戏能与玩家进行交互，可以极大地提高游戏的体验感。

Cocos Creator 的事件系统非常好用，也比较简单。Cocos Creator 的系统事件有鼠标、触摸、键盘、重力传感器等 4 种。其中鼠标事件和触摸事件是被直接触发在相关节点上的，所以统称为节点系统事件。与之对应的键盘和重力事件被称为全局系统事件。

Cocos Creator 的事件派送系统采用冒泡派送的方式。冒泡派送会将事件从发起节点不断地向上传递给它的父级节点，直到到达根节点或者在某个节点的响应函数中作了中断处理的 event.stopPropagation()。

6.1　监听和发射事件

6.1.1　监听事件

事件处理是在节点（cc.Node）中完成的。对于组件，可以通过访问节点 this.node 来注册和监听事件。监听事件可以通过 this.node.on() 函数来注册，方法如下：

```
cc.Class({
  extends: cc.Component,
  properties: {
  },
  onLoad: function () {
    this.node.on('mousedown', function ( event ) {
      console.log('Hello!');
    });
  },
});
```

值得一提的是，事件监听函数 on 可以传第三个参数 target，用于绑定响应函数的调用者。以下两种调用方式，效果是相同的：

```
// 使用函数绑定
this.node.on('mousedown', function ( event ) {
  this.enabled = false;
}.bind(this));
// 使用第三个参数
this.node.on('mousedown', function (event) {
```

```
    this.enabled = false;
  }, this);
```

除了使用 on() 方法监听，还可以使用 once() 方法。once 监听在监听函数响应后就会关闭监听事件。

6.1.2 关闭监听

当不再关心某个事件时，可以使用 off() 方法关闭对应的监听事件。需要注意的是，off() 方法的参数必须和 on() 方法的参数一一对应，才能完成关闭。

推荐的书写方法如下：

```
cc.Class({
  extends: cc.Component,
  _sayHello: function () {
    console.log('Hello World');
  },
  onEnable: function () {
    this.node.on('foobar', this._sayHello, this);
  },
  onDisable: function () {
    this.node.off('foobar', this._sayHello, this);
  },
});
```

6.1.3 发射事件

可以通过两种方式发射事件：emit 和 dispatchEvent。两者的区别在于，后者可以作事件传递。先通过一个简单的例子来了解 emit 事件：

```
cc.Class({
  extends: cc.Component,
  onLoad () {
    // args are optional param.
    this.node.on('say-hello', function (msg) {
      console.log(msg);
    });
  },
  start () {
    // At most 5 args could be emit.
    this.node.emit('say-hello', 'Hello, this is Cocos Creator');
  },
});
```

6.1.4　事件参数说明

在 2.0 版之后，Cocos Creator 优化了事件的参数传递机制。在发射事件时，可以在 emit 函数的第二个参数开始传递事件参数。同时，在 on 注册的回调里，可以获取到对应的事件参数。

```
cc.Class({
  extends: cc.Component,
  onLoad () {
    this.node.on('foo', function (arg1, arg2, arg3) {
      console.log(arg1, arg2, arg3);  // print 1, 2, 3
    });
  },

  start () {
    let arg1 = 1, arg2 = 2, arg3 = 3;
    // At most 5 args could be emit.
    this.node.emit('foo', arg1, arg2, arg3);
  },
});
```

需要说明的是，出于底层事件派发的性能考虑，这里最多只支持传递 5 个事件参数。所以在传参时需要注意控制参数的传递个数。

6.1.5　派送事件

通过 dispatchEvent 方法，发射的事件会进入事件派送阶段。Cocos Creator 的事件派送系统中采用冒泡派送的方式，从节点 c 发送事件 "foobar"，倘若节点 a、b 均作了 "foobar" 事件的监听，则事件会经由 c 依次传递给 b、a 节点，如图 6-1 所示。

图 6-1

如：
```
// 节点 c 的组件脚本中
this.node.dispatchEvent( new cc.Event.EventCustom('foobar', true) );
```

如果希望在 b 节点截获事件后就不再将事件传递，可以通过调用 event.stopPropagation() 函数来完成。具体方法如下：
```
// 节点 b 的组件脚本中
this.node.on('foobar', function (event) {
  event.stopPropagation();
});
```

注意：在发送用户自定义事件的时候，不要直接创建 cc.Event 对象，因为它是一个抽象类，可创建 cc.Event.EventCustom 对象来进行派发。

6.1.6　事件对象

在事件监听回调中，开发者会接收到一个 cc.Event 类型的事件对象 event，stopPropagation 就是 cc.Event 的标准 API，其他重要的 API 见表 6-1。

表 6-1　cc.Event 的 API

API 名	类型	意　义
type	String	事件的类型（事件名）
target	cc.Node	接收到事件的原始对象
currentTarget	cc.Node	接收到事件的当前对象，事件在冒泡阶段当前对象可能与原始对象不同
getType	Function	获取事件的类型
stopPropagation	Function	停止冒泡阶段，事件将不会继续向父节点传递，当前节点的剩余监听器仍然会接收到事件
stopPropagationImmediate	Function	立即停止事件的传递，事件将不会传给父节点以及当前节点的剩余监听器
getCurrentTarget	Function	获取当前接收到事件的目标节点
detail	Function	自定义事件的信息（属于 cc.Event.EventCustom）
setUserData	Function	设置自定义事件的信息（属于 cc.Event.EventCustom）
getUserData	Function	获取自定义事件的信息（属于 cc.Event.EventCustom）

6.1.7　系统内置事件

在 Cocos Creator 中，官方默认支持了一些系统内置事件。

（1）鼠标、触摸。节点系统事件。

（2）键盘、重力感应。全局系统事件。

6.2　节点系统事件

cc.Node 有一套完整的事件监听和分发机制，在这套机制之上，官方提供了一些基础的节点相关的系统事件。

Cocos Creator 支持的系统事件包含鼠标、触摸、键盘、重力传感等 4 种，其中与节点树相关联的鼠标和触摸事件是被直接触发在相关节点上的，所以被称为节点系统事件。与之对应地，键盘和重力传感事件被称为全局系统事件。

172

　　系统事件遵守通用的注册方式，开发者既可以使用枚举类型，也可以直接使用事件名来注册事件的监听器，事件名的定义遵循 DOM 事件标准。

```
// 使用枚举类型来注册
node.on(cc.Node.EventType.MOUSE_DOWN, function (event) {
  console.log('Mouse down');
}, this);
// 使用事件名来注册
node.on('mousedown', function (event) {
  console.log('Mouse down');
}, this);
```

6.2.1　鼠标事件类型和事件对象

鼠标事件在桌面平台才会被触发，系统提供的鼠标事件类型见表 6-2。

表 6-2　鼠标事件类型

枚举对象定义	对应的事件名	事件触发的时机
cc.Node.EventType.MOUSE_DOWN	mousedown	当鼠标在目标节点区域按下时触发一次
cc.Node.EventType.MOUSE_ENTER	mouseenter	当鼠标移入目标节点区域时，不论是否按下都触发一次
cc.Node.EventType.MOUSE_MOVE	mousemove	当鼠标在目标节点区域中移动时，不论是否按下都触发一次
cc.Node.EventType.MOUSE_LEAVE	mouseleave	当鼠标移出目标节点区域时，不论是否按下都触发一次
cc.Node.EventType.MOUSE_UP	mouseup	当鼠标从按下状态松开时触发一次
cc.Node.EventType.MOUSE_WHEEL	mousewheel	当鼠标滚轮滚动时触发一次

　　鼠标事件（cc.Event.EventMouse）的重要 API 见表 6-3（cc.Event 标准事件 API 之外）。

表 6-3　鼠标事件重要的 API

函 数 名	返回值类型	意 义
getScrollY	Number	获取滚轮滚动的 Y 轴距离，只有滚动时才有效
getLocation	Object	获取鼠标位置对象，对象包含 X 和 Y 属性
getLocationX	Number	获取鼠标的 X 轴位置

函 数 名	返回值类型	意　义
getLocationY	Number	获取鼠标的 Y 轴位置
getPreviousLocation	Object	获取鼠标事件上次触发时的位置对象，对象包含 X 和 Y 属性
getDelta	Object	获取鼠标距离上一次事件移动的距离对象，对象包含 X 和 Y 属性
getButton	Number	cc.Event.EventMouse.BUTTON_LEFT 或 cc.Event. EventMouse.BUTTON_RIGHT 或 cc.Event.EventMouse. BUTTON_MIDDLE

6.2.2　触摸事件类型和事件对象

触摸事件在移动平台和桌面平台都会被触发，这样做的目的是更好地服务开发者在桌面平台调试，只需要监听触摸事件即可同时响应移动平台的触摸事件和桌面端的鼠标事件。系统提供的触摸事件类型见表 6-4。

表 6-4　系统提供的触摸事件类型

枚举对象定义	对应的事件名	事件触发的时机
cc.Node.EventType.TOUCH_START	touchstart	当手指触点落在目标节点区域内时
cc.Node.EventType.TOUCH_MOVE	touchmove	当手指在屏幕上目标节点区域内移动时
cc.Node.EventType.TOUCH_END	touchend	当手指在目标节点区域内离开屏幕时
cc.Node.EventType.TOUCH_CANCEL	touchcancel	当手指在目标节点区域外离开屏幕时

触摸事件（cc.Event.EventTouch）的重要 API 见表 6-5（cc.Event 标准事件 API 之外）。

表 6-5　触摸事件的重要 API

API 名	类 型	意　义
touch	cc.Touch	与当前事件关联的触点对象
getID	Number	获取触点的 ID，用于多点触摸的逻辑判断
getLocation	Object	获取触点位置对象，对象包含 x 和 y 属性

续表

API 名	类　型	意　　义
getLocationX	Number	获取触点的 X 轴位置
getLocationY	Number	获取触点的 Y 轴位置
getPreviousLocation	Object	获取触点上一次触发事件时的位置对象，对象包含 x 和 y 属性
getStartLocation	Object	获取触点初始时的位置对象，对象包含 x 和 y 属性
getDelta	Object	获取触点距离上一次事件移动的距离对象，对象包含 x 和 y 属性

注意：触摸事件支持多点触摸，每个触点都会发送一次事件给事件监听器。

6.2.3　触摸事件的传递

1．触摸事件冒泡

触摸事件支持节点树的事件冒泡，以图 6-2 为例。

在图 6-2 中的场景里，假设 A 节点拥有一个子节点 B，B 拥有一个子节点 C，开发者对 A、B、C 都监听了触摸事件。

当鼠标或手指在 C 节点区域内按下时，事件将首先在 C 节点触发，C 节点监听器接收到事件；接着 C 节点会将事件向其父节点 B 传递，B 节点的监听器将会接收到事件；同理 B 节点会将事件传递给 A 父节点，这就是最基本的事件冒泡过程。需要强调的是，在触摸事件冒泡的过程中不会有触摸检测，这意味着即使触点不在 A、B 节点区域内，

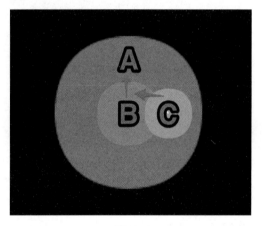

图 6-2

A、B 节点也会通过触摸事件的冒泡机制接收到这个事件。

触摸事件的冒泡过程与普通事件的冒泡过程并没有区别。所以，调用 event. stopPropagation() 可以主动停止冒泡过程。

2. 同级节点间的触点归属问题

假设图 6-2 中 B、C 为同级节点，C 节点部分覆盖在 B 节点之上，这时如果 C 节点接收到触摸事件后，就会宣布触点归属于 C 节点，这意味着同级节点 B 就不会再接收到触摸事件了，即使触点同时也在 B 节点内。同级节点间，触点归属于处于顶层的节点。

此时如果 C 节点还存在父节点，则还可以通过事件冒泡机制将触摸事件传递给父

节点。

3. 将触摸或鼠标事件注册在捕获阶段

有时候需要父节点的触摸或鼠标事件先于它的任何子节点派发，比如 CCScrollView 组件就是这样设计的。

此时冒泡机制已经不能满足需求了，需要将父节点的事件注册在捕获阶段。

要实现这个需求，可以在给 node 注册触摸或鼠标事件时，传入第 4 个参数 true，表示 useCapture，例如：

```
this.node.on(cc.Node.EventType.TOUCH_START, this.onTouchStartCallback,
this, true);
```

当节点触发 touchstart 事件时，会先将 touchstart 事件派发给所有注册在捕获阶段的父节点监听器，然后派发给节点自身的监听器，最后才到了事件冒泡阶段。

只有触摸或鼠标事件可以注册在捕获阶段，其他事件不能注册在捕获阶段。

4. 触摸事件举例

以图 6-3 举例，总结触摸事件的传递机制。

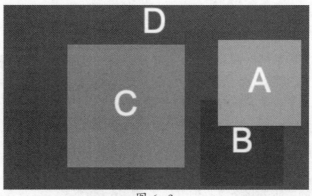

图 6-3

图 6-3 中有 A、B、C、D 4 个节点，其中 A、B 为同级节点，层级关系如图 6-4 所示。事件传递机制有以下几种情况。

（1）若触点在 A、B 重叠区域内，此时 B 接收不到触摸事件，事件的传递顺序是 A→C→D。

（2）若触点在 B 节点内（可见的蓝色区域），则事件的传递顺序是 B→C→D。

图 6-4

（3）若触点在 C 节点内，则事件的传递顺序是 C→D。

（4）若以第 2 种情况为前提，同时 C、D 节点的触摸事件注册在捕获阶段，则事件的传递顺序是 D→C→B。

6.2.4　cc.Node 的其他事件

cc.Node 的其他事件如表 6-6 所示。

表 6-6　cc.Node 的其他事件

枚举对象定义	对应的事件名	事件触发的时机
无	position-changed	当位置属性修改时
无	rotation-changed	当旋转属性修改时
无	scale-changed	当缩放属性修改时
无	size-changed	当宽、高属性修改时
无	anchor-changed	当锚点属性修改时

6.3　全局系统事件

全局系统事件是指与节点树不相关的各种全局事件，由 cc.systemEvent 来统一派发。目前 Cocos Creator 支持以下几种全局系统事件：

（1）键盘事件；

（2）设备重力传感事件。

1. 定义输入事件

键盘、设备重力传感器类全局事件是通过函数 cc.systemEvent.on(type, callback, target) 注册的。

可选的 type 类型有：

（1）cc.SystemEvent.EventType.KEY_DOWN（键盘按下）；

（2）cc.SystemEvent.EventType.KEY_UP（键盘释放）；

（3）cc.SystemEvent.EventType.DEVICEMOTION（设备重力传感）。

2. 键盘事件

（1）事件监听器类型：

cc.SystemEvent.EventType.KEY_DOWN 及 cc.SystemEvent.EventType.KEY_UP。

（2）玩家操作键盘触发的回调函数：callback(event)。

（3）回调参数：Event（包含事件相关信息的对象）。

```
cc.Class({
    extends: cc.Component,
    onLoad: function () {
        // add key down and key up event
        cc.systemEvent.on(cc.SystemEvent.EventType.KEY_DOWN, this.
onKeyDown, this);
        cc.systemEvent.on(cc.SystemEvent.EventType.KEY_UP, this.
```

```
onKeyUp, this);
    },

    onDestroy () {
        cc.systemEvent.off(cc.SystemEvent.EventType.KEY_DOWN, this.
onKeyDown, this);
        cc.systemEvent.off(cc.SystemEvent.EventType.KEY_UP, this.
onKeyUp, this);
    },

    onKeyDown: function (event) {
        switch(event.keyCode) {
            case cc.macro.KEY.a:
                console.log('Press a key');
                break;
        }
    },

    onKeyUp: function (event) {
        switch(event.keyCode) {
            case cc.macro.KEY.a:
                console.log('release a key');
                break;
        }
    }
});
```

3. 设备重力传感事件

（1）事件监听器类型：cc.SystemEvent.EventType.DEVICEMOTION。

（2）事件触发后的回调函数：callback(event)。

（3）回调参数：Event（包含事件相关信息的对象）。

```
cc.Class({
    extends: cc.Component,
    onLoad () {
        // open Accelerometer
        cc.systemEvent.setAccelerometerEnabled(true);
        cc.systemEvent.on(cc.SystemEvent.EventType.DEVICEMOTION,
    this.onDeviceMotionEvent, this);
    },

    onDestroy () {
```

```
    cc.systemEvent.off(cc.SystemEvent.EventType.DEVICEMOTION,
this.onDeviceMotionEvent, this);
    },

    onDeviceMotionEvent (event) {
        cc.log(event.acc.x + "    " + event.acc.y);
    },
});
```

6.4　本章小结

　　本章向大家介绍了 Cocos Creator 中的事件系统，包括事件的监听和发射，需要理解冒泡派送的原理。常用的系统事件有节点系统事件，如鼠标和手机上的触摸事件；还有全局系统事件，如键盘和重力感应事件。通过对本章内容的学习，我们可以学会如何驱动游戏流程更友好地与用户交互。

第 7 章　动作系统与计时器

Cocos Creator 提供的动作系统源自 Cocos2d-x，API 和使用方法均一脉相承。动作系统可以在一定时间内对节点完成位移、缩放、旋转等各种动作。

需要注意的是，动作系统并不能取代动画系统，动作系统提供的是面向程序员的 API 接口，而动画系统则可供在编辑器中进行设计。同时，它们服务于不同的使用场景，动作系统比较适合制作简单的形变和位移动画，而动画系统则强大许多，美工可以用编辑器制作支持各种属性，包含运动轨迹和缓动的复杂动画。

在 Cocos Creator 中，官方为组件提供了方便的计时器，这个计时器源自 Cocos2d-x 中的 cc.Scheduler，将它保留在了 Cocos Creator 中并适配了基于组件的使用方式。

7.1　在 Cocos Creator 中使用动作系统

7.1.1　动作系统 API

动作系统的使用方式也很简单，cc.Node 支持如下 API。

```
// 创建一个移动动作
var action = cc.moveTo(2, 100, 100);
// 执行动作
node.runAction(action);
// 停止一个动作
node.stopAction(action);
// 停止所有动作
node.stopAllActions();
```

开发者还可以给动作设置 tag，并通过 tag 来控制动作。

```
// 给 action 设置 tag
var ACTION_TAG = 1;
action.setTag(ACTION_TAG);
// 通过 tag 获取 action
node.getActionByTag(ACTION_TAG);
// 通过 tag 停止一个动作
node.stopActionByTag(ACTION_TAG);
```

7.1.2　动作类型

Cocos Creator 支持非常丰富的动作，这些动作主要分为以下几大类。

1. 基础动作

基础动作就是实现各种形变、位移动画的动作，比如 cc.moveTo 用来移动节点到某个位置；cc.rotateBy 用来旋转节点一定的角度；cc.scaleTo 用来缩放节点。

基础动作中分为时间间隔动作和即时动作，前者是在一定时间间隔内完成的渐变动作，前面提到的都是时间间隔动作，它们全部继承自 cc.ActionInterval。后者则是立即发生的，比如用来调用回调函数的 cc.callFunc；用来隐藏节点的 cc.hide，它们全部继承自 cc.ActionInstant。

2. 容器动作

容器动作可以以不同的方式将动作组织起来，下面是几种容器动作的用途。

（1）顺序动作 cc.sequence。顺序动作可以让一系列子动作按顺序一个个执行。例如：

```
// 让节点左右来回移动
var seq = cc.sequence(cc.moveBy(0.5, 200, 0), cc.moveBy(0.5, -200, 0));
node.runAction(seq);
```

（2）同步动作 cc.spawn。同步动作可以同步执行一系列子动作，子动作的执行结果会叠加起来修改节点的属性。例如：

```
// 让节点在向上移动的同时缩放
var spawn = cc.spawn(cc.moveBy(0.5, 0, 50), cc.scaleTo(0.5, 0.8, 1.4));
node.runAction(spawn);
```

（3）重复动作 cc.repeat。重复动作用来多次重复一个动作。例如：

```
// 让节点左右来回移动，并重复 5 次
var seq = cc.repeat(
        cc.sequence(
            cc.moveBy(2, 200, 0),
            cc.moveBy(2, -200, 0)
        ), 5);
node.runAction(seq);
```

（4）永远重复动作 cc.repeatForever。顾名思义，这个动作容器可以让目标动作一直重复，直到手动停止。

```
// 让节点左右来回移动并一直重复
var seq = cc.repeatForever(
        cc.sequence(
            cc.moveBy(2, 200, 0),
            cc.moveBy(2, -200, 0)
        ));
```

（5）速度动作 cc.speed。速度动作可以改变目标动作的执行速率，让动作更快或者更慢完成。

```
// 让目标动作速度加快一倍，相当于原本 2s 的动作在 1s 内完成
var action = cc.speed(
            cc.spawn(
                cc.moveBy(2, 0, 50),
                cc.scaleTo(2, 0.8, 1.4)
            ), 2);
node.runAction(action);
```

从上面的示例可以看出，不同容器类型是可以复合的，除此之外，Cocos Creator 给容器类型动作提供了更为方便的链式 API。动作对象支持以下三个 API：repeat、repeatForever、speed，这些 API 都会返回动作对象本身，支持继续链式调用。下面来看一个更复杂的动作示例。

```
// 一个复杂的跳跃动画
this.jumpAction = cc.sequence(
    cc.spawn(
        cc.scaleTo(0.1, 0.8, 1.2),
        cc.moveTo(0.1, 0, 10)
    ),
    cc.spawn(
        cc.scaleTo(0.2, 1, 1),
        cc.moveTo(0.2, 0, 0)
    ),
    cc.delayTime(0.5),
    cc.spawn(
        cc.scaleTo(0.1, 1.2, 0.8),
        cc.moveTo(0.1, 0, -10)
    ),
    cc.spawn(
        cc.scaleTo(0.2, 1, 1),
        cc.moveTo(0.2, 0, 0)
    )// 以 1/2 的速度慢放动画，并重复 5 次
).speed(2).repeat(5);
```

7.1.3 动作回调

动作回调可以用以下方式声明：

```
var finished = cc.callFunc(this.myMethod, this, opt);
```

cc.callFunc 的第一个参数是处理回调的方法，既可以使用 CCClass 的成员方法，也可以声明一个匿名函数：

```
var finished = cc.callFunc(function () {
    //doSomething
}, this, opt);
```

第二个参数指定了处理回调方法的 context（也就是绑定 this），第三个参数是向处理回调的方法传参。可以这样使用传参：

```
var finished = cc.callFunc(function(target, score) {
    this.score += score;
}, this, 100);// 动作完成后会给玩家加 100 分
```

在声明了回调动作 finished 后，可以配合 cc.sequence 来执行一整串动作并触发回调：

```
var myAction = cc.sequence(cc.moveBy(1, cc.v2(0, 100)), cc.fadeOut(1),
finished);
```

在同一个 sequence 里也可以多次插入回调：

```
var myAction = cc.sequence(cc.moveTo(1, cc.v2(0, 0)), finished1,
cc.fadeOut(1), finished2);
```

finished1、finished2 都是使用 cc.callFunc 定义的回调动作。

注意：在 cc.callFunc 中不应该停止自身动作，由于动作不能被立即删除，如果在动作回调中暂停自身动作会引发一系列遍历问题，导致更严重的 bug。

7.1.4　缓动动作

缓动动作不可以单独存在，它永远是为了修饰基础动作而存在的。它可以用来修改基础动作的时间曲线，让动作有快入、缓入、快出或其他更复杂的特效。需要注意的是，只有时间间隔动作才支持缓动：

```
var action = cc.scaleTo(0.5, 2, 2);
action.easing(cc.easeIn(3.0));
```

基础的缓动动作类是 cc.ActionEase。

7.2　动作列表

7.2.1　基础动作类型

（1）Action。所有动作类型的基类。

（2）FiniteTimeAction。有限时间动作，这种动作拥有时长 duration 属性。

（3）ActionInstant。即时动作，这种动作会立即执行，继承自 FiniteTimeAction。

（4）ActionInterval。时间间隔动作，这种动作在已定时间内完成，继承自 FiniteTimeAction。

（5）ActionEase。所有缓动动作基类，用于修饰 ActionInterval。

（6）EaseRateAction。拥有速率属性的缓动动作基类。

（7）EaseElastic。弹性缓动动作基类。

（8）EaseBounce。反弹缓动动作基类。

7.2.2 容器动作

容器动作见表 7-1。

表 7-1　容器动作

动作名称	简　介
cc.sequence	顺序执行动作
cc.spawn	同步执行动作
cc.repeat	重复执行动作
cc.repeatForever	永远重复动作
cc.speed	修改动作速率

7.2.3 即时动作

即时动作见表 7-2。

表 7-2　即时动作

动作名称	简　介
cc.show	立即显示
cc.hide	立即隐藏
cc.toggleVisibility	显 / 隐状态切换
cc.removeSelf	从父节点移除自身
cc.flipX	X 轴翻转
cc.flipY	Y 轴翻转
cc.place	放置在目标位置
cc.callFunc	执行回调函数
cc.targetedAction	用已有动作和一个新的目标节点创建动作

7.2.4　时间间隔动作

时间间隔动作见表 7-3。

表 7-3　时间间隔动作

动作名称	简　　介
cc.moveTo	移动到目标位置
cc.moveBy	移动指定的距离
cc.rotateTo	旋转到目标角度
cc.rotateBy	旋转指定的角度
cc.scaleTo	将节点大小缩放到指定的倍数
cc.scaleBy	按指定的倍数缩放节点大小
cc.skewTo	偏斜到目标角度
cc.skewBy	偏斜指定的角度
cc.jumpBy	用跳跃的方式移动指定的距离
cc.jumpTo	用跳跃的方式移动到目标位置
cc.follow	追踪目标节点的位置
cc.bezierTo	按贝塞尔曲线轨迹移动到目标位置
cc.bezierBy	按贝塞尔曲线轨迹移动指定的距离
cc.blink	闪烁（基于透明度）
cc.fadeTo	修改透明度到指定值
cc.fadeIn	渐显
cc.fadeOut	渐隐
cc.tintTo	修改颜色到指定值
cc.tintBy	按照指定的增量修改颜色
cc.delayTime	延迟指定的时间量
cc.reverseTime	反转目标动作的时间轴
cc.cardinalSplineTo	按基数样条曲线轨迹移动到目标位置
cc.cardinalSplineBy	按基数样条曲线轨迹移动指定的距离
cc.catmullRomTo	按 Catmull Rom 样条曲线轨迹移动到目标位置
cc.catmullRomBy	按 Catmull Rom 样条曲线轨迹移动到指定的距离

7.3　新版本缓动系统

7.3.1　缓动系统（cc.tween）介绍

动作系统是从 Cocos2d-x 迁移到 Cocos Creator 的，提供的 API 比较烦琐，只支持在节点属性上使用，如果要支持新的属性就需要再添加一个新的动作。为了提供更好的 API，cc.tween 在动作系统的基础上做了一层 API 封装。

Cocos Creator 在 v2.0.9 提供了一套新的 API —— cc.tween。cc.tween 能够对对象的任意属性进行缓动，功能类似于 cc.Action（动作系统），但是 cc.tween 会比 cc.Action 更加简洁易用，因为 cc.tween 提供了链式创建的方法，可以对任何对象进行操作，并且可以对对象的任意属性进行缓动。

下面代码是 cc.Action 与 cc.tween 在使用上的对比：

```
cc.Action:
this.node.runAction(
    cc.sequence(
        cc.spawn(
            cc.moveTo(1, 100, 100),
            cc.rotateTo(1, 360),
        ),
        cc.scaleTo(1, 2)
    )
)
cc.tween:
cc.tween(this.node)
    .to(1, { position: cc.v2(100, 100), angle: 360 })
    .to(1, { scale: 2 })
    .start()
```

7.3.2　链式 API

cc.tween 的每一个 API 都会在内部生成一个 action，并将这个 action 添加到内部队列中，在 API 调用完后会再返回自身实例，这样就可以通过链式调用的方式来组织代码。

cc.tween 在调用 start 时会将之前生成的 action 队列重新组合生成一个 cc.sequence 队列，所以 cc.tween 的链式结构是依次执行每一个 API 的，也就是执行完一个 API 再执行下一个 API。

```
cc.tween(this.node)
    // 0s 时, node 的 scale 还是 1
    .to(1, { scale: 2 })
    // 1s 时, 执行完第一个 action, scale 为 2
```

```
    .to(1, { scale: 3 })
    // 2s 时, 执行完第二个 action, scale 为 3
    .start()
    // 调用 start 开始执行 cc.tween
```

7.3.3　设置缓动属性

cc.tween 提供了两个设置属性的 API:

（1）to()。对属性进行绝对值计算，最终的运行结果即是设置的属性值。

（2）by()。对属性进行相对值计算，最终的运行结果是设置的属性值加上开始运行时节点的属性值。

```
cc.tween(node)
    .to(1, {scale: 2})       // node.scale === 2
    .by(1, {scale: 2})       // node.scale === 4 (2+2), 注意是加法, 不是乘法
    .by(1, {scale: 1})       // node.scale === 5
    .to(1, {scale: 2})       // node.scale === 2
    .start()
```

7.3.4　支持缓动任意对象的任意属性

其代码如下:

```
let obj = { a: 0 }
cc.tween(obj)
    .to(1, { a: 100 })
    .start()
```

7.3.5　同时执行多个属性

其代码如下:

```
cc.tween(this.node)
    // 同时对 scale、position、rotation 三个属性缓动
    .to(1, { scale: 2, position: cc.v2(100, 100), rotation: 90 })
    .start()
```

7.3.6　easing

可以使用 easing 来使缓动更生动，cc.tween 针对不同的情况提供了多种使用方式。

```
// 传入 easing 名字, 直接使用内置 easing 函数
cc.tween().to(1, { scale: 2 }, { easing: 'sineOutIn'})
// 使用自定义 easing 函数
cc.tween().to(1, { scale: 2 }, { easing: t => t*t; })
// 只对单个属性使用 easing 函数, value 必须与 easing 或者 progress 配合使用
cc.tween().to(1, { scale: 2, position: { value: cc.v3(100, 100, 100),
```

```
easing: 'sineOutIn' } })
```

7.3.7　自定义 progress

相对于 easing，自定义 progress 函数可以更自由地控制缓动的过程。

```
// 对所有属性自定义 progress
cc.tween().to(1, { scale: 2, rotation: 90 }, {
  progress: (start, end, current, ratio) => {
    return start + (end - start) * ratio;
  }
})
// 对单个属性自定义 progress
cc.tween().to(1, {
  scale: 2,
  position: {
    value: cc.v3(),
    progress: (start, end, current, t) => {
      // 注意，传入的属性为 cc.Vec3，所以需要使用 Vec3.lerp 进行插值计算
      return start.lerp(end, t, current);
    }
  }
})
```

7.3.8　复制缓动

clone 函数会克隆一个当前的缓动，并接受一个 target 作为参数。

```
// 先创建一个缓动作为模板
let tween = cc.tween().to(4, { scale: 2 })
// 复制 tween，并使用节点 Canvas/cocos 作为 target
tween.clone(cc.find('Canvas/cocos')).start()
// 复制 tween，并使用节点 Canvas/cocos2 作为 target
tween.clone(cc.find('Canvas/cocos2')).start()
```

7.3.9　插入其他的缓动到队列中

可以先创建一些固定的缓动，然后通过组合这些缓动形成新的缓动来减少代码的编写。

```
let scale = cc.tween().to(1, { scale: 2 })let rotate = cc.tween().
to(1, { rotation: 90})let move = cc.tween().to(1, { position: cc.v3(100,
100, 100)})
  // 先缩放再旋转
cc.tween(this.node).then(scale).then(rotate)
```

```
// 先缩放再移动
cc.tween(this.node).then(scale).then(move)
```

7.3.10 并行执行缓动

cc.tween 在链式执行时是按照 sequence 的方式来执行的，但是在编写复杂缓动的时候可能会需要同时并行执行多个队列，cc.tween 提供了 parallel 接口来满足这个需求。

```
let t = cc.tween;
t(this.node)
    // 同时执行两个 cc.tween
    .parallel(
        t().to(1, { scale: 2 }),
        t().to(2, { position: cc.v2(100, 100) })
    )
    .call(() => {
        console.log('All tweens finished.')
    }, this)
    .start()
```

7.3.11 回调

其回调函数的相关代码如下：

```
cc.tween(this.node)
    .to(2, { rotation: 90})
    .to(1, { scale: 2})
    // 当前面的动作都执行完毕后才会调用这个回调函数
    .call(() => { cc.log('This is a callback') }, this)
    .start()
```

7.3.12 重复执行

repeat/repeatForever 函数会将前一个 action 作为作用对象。但是如果有参数提供了其他的 action 或者 tween，则 repeat/repeatForever 函数会将传入的 action 或者 tween 作为作用对象。

```
cc.tween(this.node)
    .by(1, { scale: 1 })
    // 对前一个 by 重复执行 10 次
    .repeat(10)
    // 最后 node.scale === 11
    .start()
// 也可以这样用
cc.tween(this.node)
```

```
    .repeat(10,
        cc.tween().by(1, { scale: 1 })
    )
    .start()
// 一直重复执行下去
cc.tween(this.node)
    .by(1, { scale: 1 })
    .repeatForever()
    .start()
```

7.3.13 延迟执行

```
cc.tween(this.node)
    // 延迟 1s
    .delay(1)
    .to(1, { scale: 2 })
    // 再延迟 1s
    .delay(1)
    .to(1, { scale: 3 })
    .start()
```

7.4 使用计时器

Cocos Creator 为组件提供了方便的计时器，这个计时器源自 Cocos2d-JS 中的 cc.Scheduler，将它保留在 Cocos Creator 中并适配了基于组件的使用方式。

关于计时器，开发者可以使用 JavaScript 语言中的 setTimeout 和 setInterval 函数，不过更推荐使用引擎提供的计时器 API，因为它更加强大灵活，和组件也结合得更好。

下面来看看它的具体使用方式。

先创建一个指向某个组件的变量，变量名为 componentVar。

（1）开始一个计时器。

```
componentVar.schedule(function() {
    // 这里的 this 指向 componentVar
    this.doSomething();
}, 5);
```

上面这个计时器将每隔 5s 执行一次。

（2）更灵活的计时器。

```
// 以秒为单位的时间间隔
var interval = 5;
// 重复次数
var repeat = 3;
```

190

```
// 开始延时
var delay = 10;
componentVar.schedule(function() {
    // 这里的 this 指向 componentVar
    this.doSomething();
}, interval, repeat, delay);
```

上面的计时器将在 10s 后开始计时，每 5s 执行一次回调，执行 3 + 1 次。

（3）只执行一次的计时器（快捷方式）。

```
componentVar.scheduleOnce(function() {
    // 这里的 this 指向 componentVar
    this.doSomething();
}, 2);
```

上面的计时器将在 2s 后执行一次回调函数，之后就停止计时。

（4）取消计时器。开发者可以使用回调函数本身来取消计时器：

```
this.count = 0;
this.callback = function () {
    if (this.count === 5) {
        // 在第 6 次执行回调时取消这个计时器
        this.unschedule(this.callback);
    }
    this.doSomething();
    this.count++;
}
component.schedule(this.callback, 1);
```

注意：组件的计时器调用回调时，会将回调的 this 指定为组件本身，因此回调中可以直接使用 this。

下面是 Component 中所有关于计时器的函数。

（1）schedule：开始一个计时器。

（2）scheduleOnce：开始一个只执行一次的计时器。

（3）unschedule：取消一个计时器。

（4）unscheduleAllCallbacks：取消这个组件的所有计时器。

除此之外，如果需要每一帧都执行一个函数，可直接在 Component 中添加 update 函数，这个函数将默认被每帧调用。

注意：cc.Node 不包含计时器相关 API。

7.5　本章小结

本章介绍了 Cocos Creator 中经典的动作系统，包括基础动作、容器动作、即时动作、时间间隔动作、动作回调函数和缓动动作等，还有全新的缓动系统，对程序员更加友好，开发也更加灵活，支持以链式结构的方式创建一个动画序列，支持对任意对象的任意属性进行缓动，不再局限于节点上的属性，而 cc.Action 添加一个属性的支持时还需要添加一个新的 action 类型，支持与 cc.Action 混用，支持设置 Easing 或者 progress 函数、call 回调函数等方式。

最后还介绍了 Cocos Creator 内部定时器的使用。

第 8 章　图像和渲染组件

在开发游戏时，游戏的视觉感觉十分重要，如图片、文字、图形等都属于视觉渲染方面的内容。Cocos Creator 提供的渲染组件包括基本图形渲染，如 Sprite 组件和 Label 组件，以及功能丰富的外部资源渲染组件，如粒子 ParticleSystem 组件、骨骼动画 Spine 组件、骨骼动画 DragonBones 组件等。

8.1　Sprite 组件参考

Sprite（精灵）是 2D 游戏中最常见的显示图像的方式，在节点上添加 Sprite 组件，就可以在场景中显示项目资源中的图片，界面如图 8-1 所示。

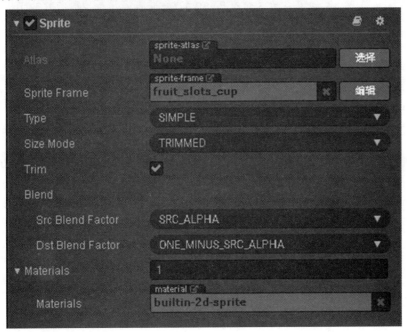

图 8-1

单击【属性检查器】下面的【添加组件】按钮，然后从渲染组件中选择 Sprite，即可添加 Sprite 组件到节点上。

193

8.1.1 Sprite 组件的属性

Sprite 组件的属性如表 8-1 所示。

表 8-1 Sprite 组件的属性

属 性	功能说明
Atlas	Sprite 显示图片资源所属的 Atlas 图集资源（Atlas 后面的【选择】按钮，该功能暂时不可用）
Sprite Frame	渲染 Sprite 使用的 SpriteFrame 图片资源（Sprite Frame 后面的【编辑】按钮用于编辑图像资源的九宫格切分，后续的 UI 系统章节会详解）
Type	渲染模式，包括普通（Simple）、九宫格（Sliced）、平铺（Tiled）、填充（Filled）和网格（Mesh）渲染 5 种模式
Size Mode	指定 Sprite 的尺寸； Trimmed 表示会使用原始图片资源裁剪透明像素后的尺寸； Raw 表示会使用原始图片未经裁剪的尺寸； Custom 表示会使用自定义尺寸。当用户手动修改过 Size 属性后，Size Mode 会被自动设置为 Custom，除非再次指定为前两种尺寸
Trim	勾选后将在渲染时去除原始图像周围的透明像素区域，该项仅在 Type 设置为 Simple 时生效
Src Blend Factor	当前图像混合模式
Dst Blend Factor	背景图像混合模式，和上面的属性共同作用，可以将前景和背景 Sprite 用不同的方式混合渲染，效果预览可以参考 glBlendFunc Tool

添加 Sprite 组件之后，通过从【资源管理器】中拖曳 Texture 或 SpriteFrame 类型的资源到 Sprite Frame 属性引用中，就可以通过 Sprite 组件显示资源图像。

如果拖曳的 SpriteFrame 资源是包含在一个 Atlas 图集资源中的，那么 Sprite 的 Atlas 属性也会被一起设置。

8.1.2 渲染模式

Sprite 组件支持 5 种渲染模式。

（1）普通模式（Simple）。按照原始图片资源样子渲染 Sprite，一般在这个模式下不用手动修改节点的尺寸，以保证场景中显示的图像和美术人员生产的图片比例一致。

（2）九宫格模式（Sliced）。图像将被分割成九宫格，并按照一定规则进行缩放以适应可随意设置的尺寸(size)。通常用于 UI 元素，或将可以无限放大而不影响图像质量的图片制作成九宫格图来节省游戏资源空间。

（3）平铺模式（Tiled）。当 Sprite 的尺寸增大时，图像不会被拉伸，而是会按照原始图片的大小不断重复，就像平铺瓦片一样将原始图片铺满整个 Sprite 规定的大小，如图 8-2 所示。

图 8-2

（4）填充模式（Filled）。根据原点和填充模式的设置，按照一定的方向和比例绘制原始图片的一部分。经常用于进度条的动态展示。

（5）网格模式（Mesh）。必须使用 TexturePacker 4.x 以上版本并且设置 ploygon 算法打包出的 plist 文件才能够使用该模式。

8.1.3　填充模式

Type 属性选择填充模式（Filled）后，会出现一组新的属性可供配置（见表 8-2），下面依次介绍它们的作用。

表 8-2　Type 的新属性

属　　性	功能说明
Fill Type	填充类型选择，有 HORIZONTAL（横向填充）、VERTICAL（纵向填充）和 RADIAL（扇形填充）三种
Fill Start	填充起始位置的标准化数值（从 0～1，表示填充总量的百分比），选择横向填充时，Fill Start 设为 0，就会从图像最左边开始填充
Fill Range	填充范围的标准化数值（同样从 0～1），设为 1，就会填充最多整个原始图像的范围
Fill Center	填充中心点，只有选择了 RADIAL 类型才会出现这个属性。该属性决定了扇形填充时会环绕 Sprite 上的哪个点，所用的坐标系和 Anchor 锚点是一样的

Fill Range 填充范围补充说明。

（1）在 HORIZONTAL 和 VERTICAL 这两种填充类型下，Fill Start 设置的数值将影响填充总量，如果 Fill Start 设为 0.5，那么即使 Fill Range 设为 1.0，实际填充的范围也仍然只有 Sprite 总大小的一半。

（2）RADIAL 类型中 Fill Start 只决定开始填充的方向，Fill Start 为 0 时，从 X 轴正方向开始填充。Fill Range 决定填充总量，值为 1 时将填充整个圆形。Fill Range 为正值时逆时针填充，为负值时顺时针填充。

8.2 Label 组件参考

Label 组件用来显示一段文字，文字可以是系统字体、TrueType 字体或者 BMFont 字体和艺术数字等。另外，Label 还具有排版功能。

单击【属性检查器】下面的【添加组件】按钮，从渲染组件中选择 Label，即可添加 Label 组件到节点上，如图 8-3 所示。

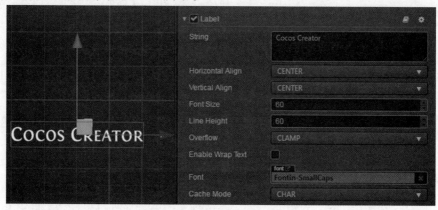

图 8-3

8.2.1 Label 组件的属性

Label 组件的属性见表 8-3。

表 8-3 Label 组件的属性

属性	功能说明
String	文本内容字符串
Horizontal Align	文本的水平对齐方式，可选值有 LEFT、CENTER 和 RIGHT
Vertical Align	文本的垂直对齐方式，可选值有 TOP、CENTER 和 BOTTOM
Font Size	文本字体大小
Line Height	文本的行高
Overflow	文本的排版方式，目前支持 CLAMP、SHRINK 和 RESIZE_HEIGHT，详情见下方的 Label 排版
Enable Wrap Text	是否开启文本换行（在排版方式设为 CLAMP、SHRINK 时生效）
SpacingX	文本字符之间的间距（使用 BMFont 位图字体时生效）
Font	指定文本渲染需要的字体文件，如果使用系统字体，则此属性可以为空
Font Family	文字字体名字，在使用系统字体时生效
Cache Mode	文本缓存类型（v2.0.9 中新增），仅对系统字体或 ttf 字体有效，BMFont 字体无须进行这个优化。包括 NONE、BITMAP、CHAR 三种模式
Use System Font	布尔值，是否使用系统字体

8.2.2　Label 排版属性

Label 排版属性见表 8-4。

表 8-4　Label 排版属性

属 性	功能说明
CLAMP	文字尺寸不会根据 Bounding Box 的大小进行缩放，Wrap Text 关闭的情况下，按照正常文字排列，超出 Bounding Box 的部分将不会显示。Wrap Text 开启的情况下，会试图将本行超出范围的文字换到下一行。如果纵向空间也不够，也会隐藏无法完整显示的文字
SHRINK	文字尺寸会根据 Bounding Box 大小进行自动缩放（不会自动放大，最大显示 Font Size 规定的尺寸），Wrap Text 开启后，当宽度不足时会优先将文字换到下一行，如果换行后还无法完整显示，则会将文字自动适配到 Bounding Box 的大小。如果 Wrap Text 关闭时，则直接按照当前文字进行排版，如果超出边界则会进行自动缩放。注意，这个模式在文本刷新的时候可能会占用较多 CPU 资源
RESIZE_HEIGHT	文本的 Bounding Box 会根据文字排版进行适配，这个状态下用户无法手动修改文本的高度，文本的高度由内部算法自动计算出来

8.2.3　文本缓存类型（Cache Mode）的属性

文本缓存类型的属性见表 8-5。

表 8-5　文本缓存类型的属性

属 性	功能说明
NONE	默认值，Label 中的整段文本将生成一张位图
BITMAP	选择后，Label 中的整段文本仍将生成一张位图，但是会尽量参与动态合图。只要满足动态合图的要求，就会和动态合图中的其他 Sprite 或者 Label 合并 Draw Call。由于动态合图会占用更多内存，该模式只能用于文本不常更新的 Label
CHAR	原理类似 BMFont，Label 将以"字"为单位将文本缓存到全局共享的位图中，相同字体样式和字号的每个字符将在全局共享一份缓存。能支持文本的频繁修改，对性能和内存最友好。不过目前该模式还存在如下限制： （1）该模式只能用于字体样式和字号（通过记录字体的 fontSize、fontFamily、color、outline 为关键信息，进行字符的重复使用，其他有使用特殊自定义文本格式的需要注意）固定，并且不会频繁出现巨量未使用过的字符的 Label。这是为了节约缓存，因为全局共享的位图尺寸为 2048×2048，只有场景切换时才会清除，一旦位图被占满后新出现的字符将无法渲染。 （2）Overflow 不支持 SHRINK。 （3）不能参与动态合图（同样启用 CHAR 模式的多个 Label 在渲染顺序不被打断的情况下，仍然能合并 Draw Call）

注意：

（1）Cache Mode 对所有平台都有优化效果。

（2）BITMAP 模式取代了原先的 Batch As Bitmap 选项，旧项目如启用了 Batch As Bitmap 将自动迁移至该选项。

（3）使用 CHAR 模式时不能剔除【项目】→【项目设置】→【模块设置】面板中的 RenderTexture 模块。

8.2.4　详细说明

Label 组件可以通过向【属性检查器】里的 Font 属性拖曳 TTF 字体文件和 BMFont 字体文件来修改渲染的字体类型。如果不想继续使用字体文件，可以通过勾选 Use System Font 来重新启用系统字体。

使用艺术数字字体需要创建艺术数字资源，参考链接中的文档设置好艺术数字资源的属性之后，就可以像使用 BM Font 资源一样来使用艺术数字了。

8.3　LabelOutline 组件参考

LabelOutline 组件将为所在节点上的 Label 组件添加描边效果，如图 8-4 所示，但只能用于系统字体或者 TTF 字体。

图 8-4

单击【属性检查器】下面的【添加组件】按钮，然后从渲染组件中选择 LabelOutline，即可添加 LabelOutline 组件到节点上。

LabelOutline 组件的脚本接口参考 LabelOutline API。

LabelOutline 组件的属性见表 8-6。

表 8-6　LabelOutline 组件的属性

属　　性	功能说明
Color	描边的颜色
Width	描边的宽度

8.4　LabelShadow 组件参考

LabelShadow 组件可以为 Label 组件添加阴影效果，如图 8-5 所示，但只能用于系统字体或 TTF 字体。当 Label 组件的 Cache Mode 属性设置为 CHAR 时不生效。

图 8-5

单击【属性检查器】下面的【添加组件】按钮，然后从渲染组件中选择 LabelShadow，即可添加 LabelShadow 组件到节点上。

LabelShadow 组件的属性见表 8-7。

表 8-7　LabelShadow 组件的属性

属　　性	功能说明
Color	阴影的颜色
Offset	字体与阴影的偏移
Blur	阴影的模糊程度

8.5　Mask（遮罩）组件参考

游戏开发中有时需要制作系统广播的功能，可以使用 Mask 组件实现。

Mask 用于规定子节点可渲染的范围，带有 Mask 组件的节点会使用该节点的约束框（也就是属性检查器 Node 组件的 Size 规定的范围）创建一个渲染遮罩，该节点的所有子节点都会依据这个遮罩进行裁剪，遮罩范围外的将不会被渲染，如图 8-6 所示。

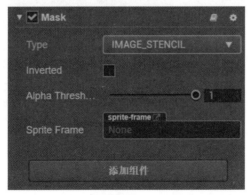

图 8-6

单击【属性检查器】下面的【添加组件】按钮，然后从渲染组件中选择 Mask，即可添加 Mask 组件到节点上。注意该组件不能添加到有其他渲染组件（如 Sprite、Label 等）的节点上。

Mask 组件的属性见表 8-8。

表 8-8　Mask 组件的属性

属　性	功能说明
Type	遮罩类型，包括 RECT、ELLIPSE、IMAGE_STENCIL 三种类型，详情可查看 Type API
Inverted	布尔值，反向遮罩
Alpha Threshold	Alpha 阈值，该属性为浮点类型，仅在 Type 设为 IMAGE_STENCIL 时才生效； 只有当模板像素的 Alpha 值大于该值时，才会绘制内容； 该属性的取值范围是 0 ~ 1，1 表示完全禁用
Sprite Frame	遮罩所需要的贴图，只在遮罩类型设为 IMAGE_STENCIL 时生效
Segements	椭圆遮罩的曲线细分数，只在遮罩类型设为 ELLIPSE 时生效

注意：节点添加了 Mask 组件之后，所有在该节点下的子节点，在渲染的时候都会受 Mask 影响。

8.6　Camera 摄像机

摄像机是玩家观察游戏世界的窗口，场景中至少需要有一个摄像机，也可以同时存在多个摄像机。创建场景时，如果场景中没有摄像机节点，那么系统会在运行的时候自动创建一个名为 Main Camera 的组件，如图 8-7 所示。多摄像机的支持可以轻松实现高级的自定义效果，比如双人分屏效果，或者场景小地图的生成。

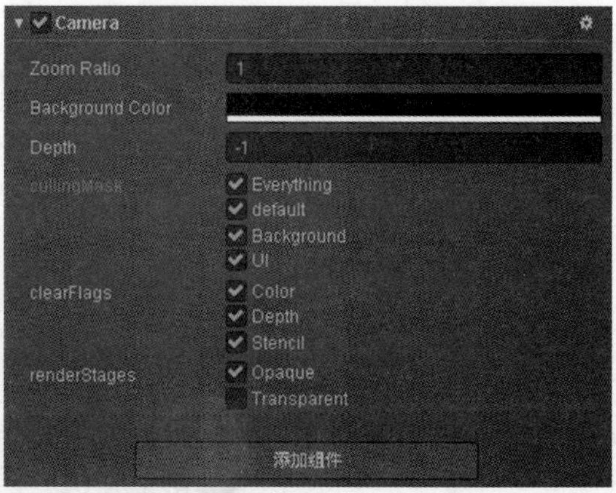

图 8-7

8.6.1　摄像机的属性

1. 普通属性

1）cullingMask

cullingMask 属性将决定这个摄像机用来渲染场景的哪些部分。【属性检查器】摄像机组件中的 cullingMask 会列出当前可以选择的 Mask 选项，可以通过勾选这些选项来组合生成 cullingMask。

图 8-8 中显示，cullingMask 设置表示这个摄像机只用来渲染游戏中的 UI 部分，一般游戏中的 UI 部分都是不需要移动的，而游戏节点可能会往屏幕外移动，这时需要另

外的一个摄像机去跟随这个游戏节点。

图 8-8

用户可以通过执行编辑器菜单栏命令【项目】→【项目设置】→【分组管理】来添加或者更改分组，这些分组即是对应的 Mask，如图 8-9 所示。

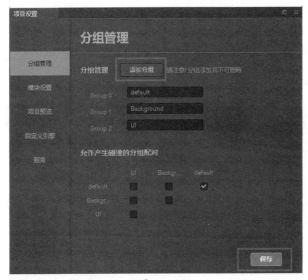

图 8-9

2）zoomRatio

此属性用来指定摄像机的缩放比例，值越大显示的图像越大。

3）clearFlags

此属性用来指定渲染摄像机时需要做的清除操作。如选择 Color，渲染的时候会使用 backgroundColor 指定的颜色渲染填充背景色，然后再依次使用其他渲染组件进行渲染。所以其他渲染组件的渲染效果或遮挡住背景色，没有遮挡则显示背景色。

4）backgroundColor

当指定了摄像机需要清除的颜色时，摄像机会使用设定的背景色来清除场景。

5）depth

此属性表示摄像机深度，用于决定摄像机的渲染顺序。值越大，摄像机越晚被渲染。

6）targetTexture

如果设置了 targetTexture，那么摄像机渲染的内容不会被输出到屏幕上，而是会渲染到 targetTexture 上。

如果需要做一些屏幕的后期特效，可以先将屏幕渲染到 targetTexture，再对 targetTexture 作整体处理，最后再通过一个 sprite 将这个 targetTexture 显示出来。

2．高级属性

这些高级属性在摄像机节点变为 3D 节点后才会显示在【属性检查器】中。

（1）fov：决定摄像机视角的宽度，当摄像机处于透视投影模式下这个属性才会生效。

（2）orthoSize：摄像机在正交投影模式下的视窗大小。

（3）nearClip：摄像机的近剪裁面。

（4）farClip：摄像机的远剪裁面。

（5）Ortho：设置摄像机的投影模式是正交（true）还是透视（false）。

（6）rect：决定摄像机绘制在屏幕上哪个位置，值为 0 ~ 1。

8.6.2　摄像机方法

（1）cc.Camera.findCamera。findCamera 会通过查找当前所有摄像机的 cullingMask 是否包含节点的 group，来获取第一个匹配的摄像机。

```
cc.Camera.findCamera(node);
```

（2）containsNode。检测节点是否被摄像机影响。

（3）render。如果需要立即渲染摄像机，可以调用这个方法来手动渲染摄像机，比如截图的时候。

```
camera.render();
```

8.6.3　坐标转换

当摄像机被移动、旋转或者缩放后，用单击事件获取到的坐标去测试节点的坐标，往往是得不到正确结果的。因为这时候获取到的单击事件坐标是摄像机坐标系下的坐标，需要将这个坐标转换到世界坐标系下，才能继续与节点的世界坐标进行运算。

下面是一些摄像机坐标系转换的函数。

（1）将一个摄像机坐标系下的点转换到世界坐标系下：

```
camera.getCameraToWorldPoint(point, out);
```

（2）将一个世界坐标系下的点转换到摄像机坐标系下：

```
camera.getWorldToCameraPoint(point, out);
```

（3）获取摄像机坐标系到世界坐标系的矩阵：

```
camera.getCameraToWorldMatrix(out);
```

（4）获取世界坐标系到摄像机坐标系的矩阵：

```
camera.getWorldToCameraMatrix(out);
```

8.6.4　截图

截图是游戏中一个非常常见的需求，通过摄像机和 RenderTexture 可以快速实现截图功能。

1. 新建截图

```
let node = new cc.Node();
node.parent = cc.director.getScene();
let camera = node.addComponent(cc.Camera);
```

设置截图内容的 cullingMask：

```
camera.cullingMask = 0xffffffff;
```

新建一个 RenderTexture，并且设置 camera 的 targetTexture 为新建的 RenderTexture，这样 camera 的内容将会渲染到新建的 RenderTexture 中：

```
let texture = new cc.RenderTexture();
let gl = cc.game._renderContext;
```

如果截图内容中不包含 Mask 组件，可以不用传递第三个参数：

```
texture.initWithSize(cc.visibleRect.width, cc.visibleRect.height,
gl.STENCIL_INDEX8);
camera.targetTexture = texture;
```

渲染一次摄像机，即更新一次内容到 RenderTexture 中：

```
camera.render();
```

这样就能从 RenderTexture 中获取到数据了：

```
let data = texture.readPixels();
```

接下来就可以对这些数据进行操作了：

```
let canvas = document.createElement('canvas');
let ctx = canvas.getContext('2d');
canvas.width = texture.width;
canvas.height = texture.height;
let rowBytes = width * 4;for (let row = 0; row < height; row++) {
    let srow = height - 1 - row;
    let imageData = ctx.createImageData(width, 1);
    let start = srow*width*4;
    for (let i = 0; i < rowBytes; i++) {
        imageData.data[i] = data[start+i];
    }
    ctx.putImageData(imageData, 0, row);
}
let dataURL = canvas.toDataURL("image/jpeg");let img = document.
createElement("img");
img.src = dataURL;
```

2. 保存截图文件

Creator 从 v2.0.2 开始新增了保存截图文件功能。首先截图，然后在 readPixels 之后使用：

```
var data = renderTexture.readPixels();
var filePath = jsb.fileUtils.getWritablePath() + 'Image.png';
jsb.saveImageData(data, imgWidth, imgHeight, filePath)
```

3. 微信中的截图

微信小游戏中由于不支持 createImageData，也不支持用 data url 创建 image，所以上面的做法需要一些变通。在使用 Camera 渲染出需要的结果后，使用微信的截图 API——canvas.toTempFilePath 完成截图的保存和使用。

8.7 ParticleSystem 组件参考

8.7.1 概述

ParticleSystem 组件用来读取粒子资源数据，并且对其进行一系列如播放、暂停、销毁等操作，界面如图 8-10 所示。

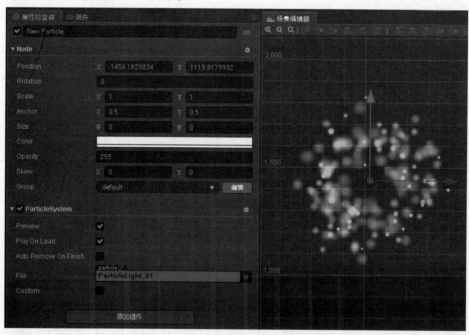

图 8-10

8.7.2 创建方式

ParticleSystem 组件可通过编辑器和脚本两种方式创建。

1. 通过编辑器创建

单击【属性检查器】下方的【添加组件】按钮，然后从渲染组件中选择 ParticleSystem，即可添加 ParticleSystem 组件到节点上。

2. 通过脚本创建

（1）创建一个节点：

```
var node = new cc.Node();
```

（2）将节点添加到场景中：

```
cc.director.getScene().addChild(node);
```

（3）添加粒子组件到 Node 上：

```
var particleSystem = node.addComponent(cc.ParticleSystem);
```

（4）接下去就可以对 particleSystem 对象进行一系列操作了。

8.7.3　ParticleSystem 组件的属性

ParticleSystem 组件的属性见表 8-9。

表 8-9　ParticleSystem 组件的属性

属　性	功能说明
Preview	在编辑器模式下预览粒子，启用后选中粒子时，粒子将自动播放
Play On Load	如果设置为 true 运行时会自动发射粒子
Auto Remove On Finish	粒子播放完毕后自动销毁所在的节点
File	Plist 格式的粒子配置文件
Custom	是否自定义粒子属性。开启该属性后可自定义部分粒子属性
Sprite Frame	自定义的粒子贴图
Duration	发射器生存时间，单位秒，−1 表示持续发射
Emission Rate	每秒发射的粒子数目
Life	粒子的运行时间及变化范围
Total Particle	粒子最大数量
Start Color	粒子初始颜色
Start Color Var	粒子初始颜色变化范围
End Color	粒子结束颜色
End Color Var	粒子结束颜色变化范围
Angle	粒子角度及变化范围
Start Size	粒子的初始大小及变化范围
End Size	粒子结束时的大小及变化范围

续表

属　性	功能说明
Start Spin	粒子开始自旋角度及变化范围
End Spin	粒子结束自旋角度及变化范围
Source Pos	发射器位置
Pos Var	发射器位置的变化范围（横向和纵向）
Position Type	粒子位置类型，包括 FREE、RELATIVE、GROUPED 三种，详情可参考 PositionType API
Emitter Mode	发射器类型，包括 GRAVITY、RADIUS 两种，详情可参考 EmitterMode API
Gravity	重力，仅在 Emitter Mode 设为 GRAVITY 时生效
Speed	速度及变化范围，仅在 Emitter Mode 设为 GRAVITY 时生效
Tangential Accel	每个粒子的切向加速度及变化范围，即垂直于重力方向的加速度，仅在 Emitter Mode 设为 GRAVITY 时生效
Radial Accel	粒子径向加速度及变化范围，即平行于重力方向的加速度，仅在 Emitter Mode 设为 GRAVITY 时生效
Rotation Is Dir	每个粒子的旋转是否等于其方向，仅在 Emitter Mode 设为 GRAVITY 时生效
Start Radius	初始半径及变化范围，表示粒子发射时相对发射器的距离，仅在 Emitter Mode 设为 RADIUS 时生效
End Radius	结束半径，仅在 Emitter Mode 设为 RADIUS 时生效
Rotate Per S	粒子每秒围绕起始点的旋转角度及变化范围，仅在 Emitter Mode 设为 RADIUS 时生效
Src Blend Factor	混合显示两张图片时，原图片的取值模式，可参考 BlendFactor API
Dst Blend Factor	混合显示两张图片时，目标图片的取值模式，可参考 BlendFactor API

8.8　Spine 组件参考

Spine 组件支持 Spine 导出的数据格式，并对骨骼动画（Spine）资源进行渲染和播放，如图 8-11 所示。

图 8-11

选中节点，单击【属性检查器】下方的【添加组件】按钮，然后从渲染组件中选择 Spine Skeleton，即可添加 Spine 组件到节点上。

8.8.1　Spine 组件的属性

Spine 组件的属性见表 8-10。

表 8-10　Spine 组件的属性

属　性	功能说明
Skeleton Data	骨骼信息数据，拖曳 Spine 导出后的骨骼资源到该属性中
Default Skin	选择默认的皮肤
Animation	当前播放的动画名称
Animation Cache Mode	渲染模式，默认 REALTIME 模式（v2.0.9 中新增）。 REALTIME 模式，实时运算，支持 Spine 所有的功能。 SHARED_CACHE 模式，将骨骼动画及贴图数据进行缓存并共享，相当于预烘焙骨骼动画。拥有较高性能，但不支持动作融合、动作叠加，只支持动作开始和结束事件。至于内存方面，当创建 N(N>=3) 个相同骨骼、相同动作的动画时，会呈现内存优势，N 值越大，优势越明显。综上 SHARED_CACHE 模式适用于场景动画、特效、副本怪物、NPC 等，能极大提高帧率和降低内存。 PRIVATE_CACHE 模式，与 SHARED_CACHE 类似，但不共享动画及贴图数据，所以在内存方面没有优势，仅存在性能优势。当想利用缓存模式的高性能，但又存在换装的需求，且不能共享贴图数据时，那么 PRIVATE_CACHE 最适合
Loop	是否循环播放当前动画

续表

属　性	功能说明
Premultiplied Alpha	图片是否启用贴图预乘，默认为 True。当图片的透明区域出现色块时需要关闭该项，当图片的半透明区域颜色变黑时需要启用该项
Time Scale	当前骨骼中所有动画的时间缩放率
Debug Slots	是否显示 slot 的 debug 信息
Debug Bones	是否显示骨骼的 debug 信息
Debug Mesh	是否显示 mesh 的 debug 信息
Use Tint	是否开启染色效果，默认关闭（v2.0.9 中新增）
Enable Batch	是否开启动画合批，默认关闭（v2.0.9 中新增）： 开启时，能减少 Drawcall，适用于大量简单动画同时播放的情况； 关闭时，Drawcall 会上升，但能减少 CPU 的运算负担，适用于复杂的动画

注意：当使用 Spine 组件时，【属性检查器】中 Node 组件上的 Anchor 与 Size 属性是无效的。

8.8.2　Spine 换装

下面通过一个案例介绍 Spine 如何换装。如图 8-12 所示，通过替换插槽的 attachment 对象，将绿色框中的手臂替换为红色框中的手臂，方法如下。

图 8-12

（1）在【层级管理器】中新建一个空节点，重命名为 goblingirl，然后在【属性检查器】中添加 Spine 组件，并将资源拖曳至 Spine 组件的 Skeleton Data 属性框中，再将 Default Skin 属性设置成红色框中用于替换的皮肤，如图 8-13 所示。可更改 Spine 组件的 Animation 属性用于设置开发者想要播放的动画。

图 8-13

（2）再次新建一个空节点并重命名为 goblin，添加 Spine 组件，并将资源拖曳至
Spine 组件的 Skeleton Data 属性框中；然后将 Default Skin 属性设置成绿色框中想要替
换的皮肤，如图 8-14 所示。

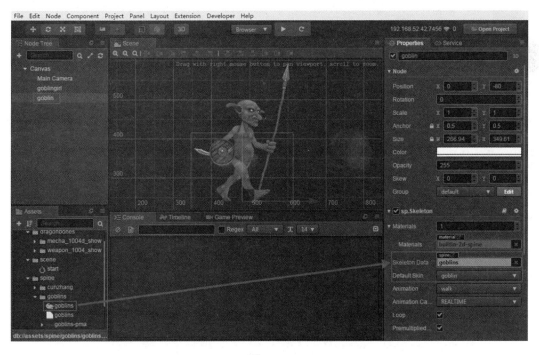

图 8-14

（3）在【资源管理器】中新建一个 JavaScript 脚本，脚本代码如下：

```
cc.Class({
    extends: cc.Component,
    properties: {
        goblin: {
            type: sp.Skeleton,
            default: null,
        },
        goblingirl: {
            type: sp.Skeleton,
            default: null,
        }
    },


    start () {
        let parts = ["left-arm", "left-hand", "left-shoulder"];
        for (let i = 0; i < parts.length; i++) {
            let goblin = this.goblin.findSlot(parts[i]);
            let goblingirl = this.goblingirl.findSlot(parts[i]);
            let attachment = goblingirl.getAttachment();
            goblin.setAttachment(attachment);
        }
    }
});
```

（4）将脚本组件挂载到 Canvas 节点或者其他节点上，即将脚本拖曳到节点的【属性检查器】中。再将【层级管理器】中的 goblingirl 节点和 goblin 节点分别拖曳到脚本组件对应的属性框中，如图 8-15 所示，并保存场景。

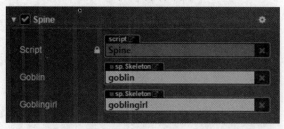

图 8-15

（5）单击编辑器上方的【预览】按钮，可以看到绿色框中的手臂已经被替换，如图 8-16 所示。

图 8-16

8.8.3　Spine 顶点效果

顶点效果只有当 Spine 处于 REALTIME 模式时有效，下面通过一个范例介绍 Spine 如何设置顶点效果。

（1）首先在【层级管理器】中新建一个空节点并重命名，然后在【属性检查器】中添加 Spine 组件，并将资源拖曳至 Spine 组件的 Skeleton Data 属性框中，设置好 Spine 组件属性。

（2）在【资源管理器】中新建一个 JavaScript 脚本，脚本代码如下：

```
cc.Class({
    extends: cc.Component,

    properties: {
        skeleton : {
            type: sp.Skeleton,
            default: null,
        }
    },

    start () {
        this._jitterEffect = new sp.VertexEffectDelegate();
        // 设置好抖动参数
        this._jitterEffect.initJitter(20, 20);
        // 调用 Spine 组件的 setVertexEffectDelegate 方法设置效果
```

```
            this.skeleton.setVertexEffectDelegate(this._jitterEffect);
        }
    });
```

（3）将脚本组件挂载到 Canvas 节点或者其他节点上，即将脚本拖曳到节点的【属性检查器】中。再将【层级管理器】中的节点拖曳到脚本组件对应的属性框中，并保存场景。

（4）单击编辑器上方的【预览】按钮，即可看到 Spine 动画顶点抖动的效果。关于代码可参考 SpineMesh 范例。

8.9　DragonBones 组件参考

dragonBones.ArmatureDisplay 组件可以对龙骨骨骼动画（DragonBones）资源进行渲染和播放，界面如图 8-17 所示。

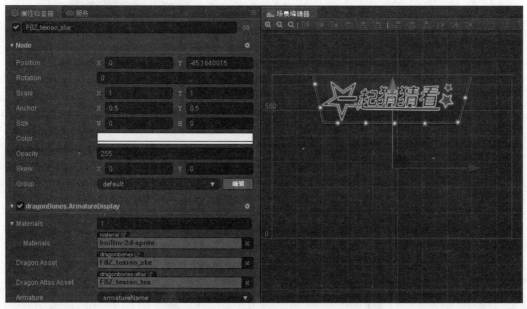

图 8-17

在【层级管理器】中选中需要添加 DragonBones 组件的节点，然后单击【属性检查器】下方的【添加组件】按钮，并在渲染组件中选择 DragonBones，即可添加 DragonBones 组件到节点上。

DragonBones 组件的属性见表 8-11。

表 8-11　DragonBones 组件的属性

属　　性	功能说明
Dragon Asset	骨骼信息数据，包含了骨骼信息（绑定骨骼动作、slots、渲染顺序、attachments、皮肤等）和动画，但不持有任何状态； 多个 ArmatureDisplay 可以共用相同的骨骼数据； 可拖曳 DragonBones 导出的骨骼资源到这里
Dragon Atlas Asset	骨骼数据所需的 Atlas Texture 数据。可拖曳 DragonBones 导出的 Atlas 资源到这里
Armature	当前使用的 Armature 名称
Animation	当前播放的动画名称
Animation Cache Mode	渲染模式，默认 REALTIME 模式（v2.0.9 中新增） REALTIME 模式，实时运算，支持 DragonBones 所有的功能； SHARED_CACHE 模式，将骨骼动画及贴图数据进行缓存并共享，相当于预烘焙骨骼动画。拥有较高性能，但不支持动作融合、动作叠加、骨骼嵌套，只支持动作开始和结束事件。至于内存方面，当创建 N(N ≥ 3) 个相同骨骼、相同动作的动画时，会呈现内存优势。N 值越大，优势越明显。综上 SHARED_CACHE 模式适用于场景动画、特效、副本怪物、NPC 等，能极大提高帧率和降低内存。 PRIVATE_CACHE 模式，与 SHARED_CACHE 类似，但不共享动画及贴图数据，所以在内存方面没有优势，仅存在性能优势。当想利用缓存模式的高性能，但又存在换装的需求，且不能共享贴图数据时，那么 PRIVATE_CACHE 最适合
Time Scale	当前骨骼中所有动画的时间缩放率
Play Times	播放默认动画的循环次数； −1 表示使用配置文件中的默认值； 0 表示无限循环； >0 表示循环次数
Premultiplied Alpha	图片是否启用贴图预乘，默认为 True（v2.0.7 中新增）： 当图片的透明区域出现色块时需要关闭该项； 当图片的半透明区域颜色变黑时需要启用该项
Debug Bones	是否显示 bone 的 debug 信息
Enable Batch	是否开启动画合批，默认关闭（v2.0.9 中新增）； 开启时，能减少 drawcall，适用于大量简单动画同时播放的情况； 关闭时，drawcall 会上升，但能减少 CPU 的运算负担，适用于复杂的动画

注意：当使用 DragonBones 组件时，【属性检查器】中 Node 组件上的 Anchor 与 Size 属性是无效的。

8.10 Graphics 组件参考

Graphics 组件提供了一系列绘画接口，这些接口参考了 Canvas 的绘画接口来进行实现，如图 8-18 所示。

图 8-18

新建一个空节点，然后单击【属性检查器】下方的【添加组件】按钮，从渲染组件中选择 Graphics，即可添加 Graphics 组件到节点上。

8.10.1 Graphics 组件的属性

Graphics 组件的属性见表 8-12。

表 8-12　Graphics 组件的属性

属　性	功能说明
Line Cap	设置或返回线条的结束端点样式
Line Join	设置或返回两条线相交时，所创建的拐角类型
Line Width	设置或返回当前的线条宽度
Miter Limit	设置或返回最大斜接长度
Stroke Color	设置或返回笔触的颜色
Fill Color	设置或返回填充绘画的颜色

8.10.2 绘图接口

绘图接口的方法及功能见表 8-13。

表 8-13　绘图接口的方法及功能

方　法	功能说明
moveTo (x, y)	把路径移动到画布中的指定点，不创建线条
lineTo (x, y)	添加一个新点，然后在画布中创建从该点到最后指定点的线条

续表

方　法	功能说明
bezierCurveTo (c1x, c1y, c2x, c2y, x, y)	创建三次方贝塞尔曲线
quadraticCurveTo (cx, cy, x, y)	创建二次方贝塞尔曲线
arc (cx, cy, r, a0, a1, counterclockwise)	创建弧 / 曲线（用于创建圆形或部分圆）
ellipse (cx, cy, rx, ry)	创建椭圆
circle (cx, cy, r)	创建圆形
rect (x, y, w, h)	创建矩形
close ()	创建从当前点回到起始点的路径
stroke ()	绘制已定义的路径，使用 strokeColor 填充当前路径或线段
fill ()	填充当前绘图（路径），使用 fillColor 填充封闭图形
clear ()	清除所有路径

8.10.3　Graphics 举例

```
cc.Class({
    extends: cc.Component,

    properties: {
    },

start () {
    // 首先得到绘图组件
        var ctx = this.node.getComponent(cc.Graphics);
        // 设置线段宽度10，线段颜色绿色
        ctx.lineWidth = 10;
        ctx.strokeColor = new cc.Color().fromHEX('#00ff00');
        // 设置填充颜色为蓝色
        ctx.fillColor = new cc.Color().fromHEX('#0000ff');
        // 绘制圆形
        ctx.circle(0,0, 100);
        // 绘制长方形
        ctx.rect(20,20,250,200);
```

```
        // 绘制椭圆形
        ctx.ellipse(-200,-100, 200,100);
        // 绘制一条线段
        ctx.moveTo(-300,50);
        ctx.lineTo(-100,50);
        // 填充当前或已经存在的路径，封闭空间才有效
        ctx.fill();
        // 绘制当前或已经存在的路径、边缘
        ctx.stroke();
    },
});
```

运行效果如图 8-19 所示。

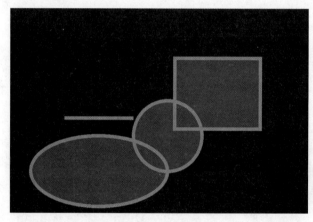

图 8-19

8.11　WebView 组件参考

WebView 是一种显示网页的组件，如图 8-20 所示，让开发者可以在游戏里集成一个小的浏览器。由于不同平台对 WebView 组件的授权、API、控制方式不同，还没有形成统一标准，所以目前只支持 Web、iOS 和 Android 平台。

图 8-20

216

单击【属性检查器】下方的【添加组件】按钮，然后从 UI 组件中选择 WebView，即可添加 WebView 组件到节点上。

8.11.1　WebView 组件的属性

WebView 组件的属性见表 8-14。

表 8-14　WebView 组件的属性

属　性	功能说明
Url	指定一个 URL 地址，这个地址以 http 或者 https 开头
WebView Events	WebView 的回调事件，当 WebView 在加载网页过程中，加载网页结束后或者加载网页出错时会调用此函数

注意：在 WebView Events 属性的 cc.Node 中，填入一个挂载有用户脚本组件的节点，在用户脚本中便可以根据需要使用相关的 WebView 事件。

8.11.2　WebView 事件

1.WebViewEvents 事件（见表 8-15）

表 8-15　WebViewEvents 事件

属　性	功能说明
Target	带有脚本组件的节点
Component	脚本组件名称
Handler	指定一个回调函数，在网页加载过程中、加载完成后或者加载出错时会被调用。该函数会传一个事件类型参数进来，详情见 WebView 事件回调参数表
CustomEventData	用户指定任意的字符串作为事件回调的最后一个参数传入

2.WebView 事件的回调参数（见表 8-16）

表 8-16　WebView 事件的回调参数

名　称	功能说明
LOADING	表示网页正在加载过程中
LOADED	表示网页加载完毕
ERROR	表示网页加载出错了

3. 详细说明

目前 WebView 组件只支持 Web（PC 和手机）、iOS 和 Android 平台（v2.0.0 ~ 2.0.6 版本不支持），Mac 和 Windows 平台暂时还不支持，如果在场景中使用此组件，那么在 PC 的模拟器里预览的时候可能看不到效果。

此控件暂时不支持加载指定 HTML 文件或者执行 JavaScript 脚本。

8.11.3 通过脚本代码添加回调

1. 方法一

通过脚本代码添加的事件回调和使用编辑器添加的事件回调是一样的。通过代码添加，需要首先构造一个 cc.Component.EventHandler 对象，然后设置好对应的 target、component、handler 和 customEventData 参数。

```
cc.Class({
    name: 'cc.MyComponent',
    extends: cc.Component,
    properties: {
        webview: cc.WebView,
    },
    onLoad: function() {
        var webviewEventHandler = new cc.Component.EventHandler();
        // 这个 node 节点是你的事件处理代码组件所属的节点
        webviewEventHandler.target = this.node;
        webviewEventHandler.component = "cc.MyComponent";
        webviewEventHandler.handler = "callback";
        webviewEventHandler.customEventData = "foobar";

        this.webview.webviewEvents.push(webviewEventHandler);
    },
    // 注意参数的顺序和类型是固定的
    callback: function(webview, eventType, customEventData) {
        // webview 是一个 WebView 组件对象实例
        //  eventType === cc.WebView.EventType enum 里面的值
        // customEventData 参数就等于之前设置的 foobar
    }
});
```

2. 方法二

通过 webview.node.on('loaded', ...) 的方式来添加。假设在一个组件的 onLoad 方法里面添加事件处理回调，在 callback 函数中进行事件处理：

```
cc.Class({
    extends: cc.Component,
```

```
    properties: {
        webview: cc.WebView,
    },

    onLoad: function () {
        this.webview.node.on('loaded', this.callback, this);
    },

    callback: function (event) {
        // event 是一个 EventCustom 对象，可以通过 event.detail
        // 获取 WebView 组件
        var webview = event.detail;
        //do whatever you want with webview
        // 另外，注意这种方式注册的事件也无法传递 customEventData
    }
});
```

同样，也可以注册 loading、error 事件，这些事件回调函数的参数与 loaded 的参数一致。

3. 与 WebView 内部页面进行交互

调用 WebView 内部页面：

```
cc.Class({
    extends: cc.Component,
    properties: {
        webview: cc.WebView,
    },

    onLoad: function () {
        // Test 是 webView 内部页面代码里定义的全局函数
        this.webview.evaluateJS('Test()');
    }
});
```

4. WebView 内部页面调用外部的代码

目前 Android 与 iOS 使用的机制是，通过截获 URL 的跳转，判断 URL 前缀的关键字是否与之相同，如果相同则进行回调。通过 setJavascriptInterfaceScheme 设置 URL 前缀关键字，通过 setOnJSCallback 设置回调函数，函数参数为 URL。

```
cc.Class({
    extends: cc.Component,
    properties: {
        webview: cc.WebView,
    },
```

```
        // 在 onLoad 中设置会导致 API 绑定失效，所以在 start 中设置 webview 回调
        start: function () {
            // 这里是与内部页面约定的关键字，不要使用大写字符，会导致 location 无法
            正确识别
            var scheme = "testkey";

            function jsCallback (target, url) {
                // 这里的返回值是内部页面的 URL 数值，需要自行解析自己需要的数据
                var str = url.replace(scheme + '://', ''); // str ===
'a=1&b=2'
                // webview target
                console.log(target);
            }

            this.webview.setJavascriptInterfaceScheme(scheme);
            this.webview.setOnJSCallback(jsCallback);
        }
    });
```

因此当需要通过内部页面交互 WebView 时，应当设置内部页面 URL：

```
testkey:// 需要回调到 WebView 的数据
```

WebView 内部页面代码如下：

```html
<html>
<body>
    <dev>
        <input type="button" value=" 触发 " onclick="onClick()"/>
    </dev>
</body>
<script>
    function onClick () {
        // 其中一个设置 URL 方案
        document.location = 'testkey://a=1&b=2';
    }
</script>
</html>
```

由于 Web 平台的限制，导致无法通过这种机制去实现，但是内部页面可以通过以下方式进行交互：

```
<html>

<body>

    <dev>

        <input type="button" value=" 触发 " onclick="onClick()"/>

</dev>

</body>

<script>

    function onClick () {

        // 这里的 parent 其实就是外部的 window

        // 这样一来就可以访问到定义在 cc 的函数了

        parent.cc.TestCode();

        // 如果 TestCode 是定义在 window 上，则

        parent.TestCode();

}

</script>

</html>
```

8.12　本章小结

本章介绍了游戏视觉渲染的相关组件，包括基本图像渲染组件，如 Sprite 组件、Label 组件、LabelOutline 组件、LabelShadow 组件、Mask 组件等。后面又介绍了外部资源渲染组件，如 ParticleSystem 组件、Spine 骨骼动画组件、DragonBones 骨骼动画组件、Graphics 组件、WebView 组件等。大家要多做练习，充分理解每个组件的属性。

第 9 章　UI 系统

本章将介绍 Cocos Creator 中强大而灵活的 UI（用户界面）系统，通过组合不同 UI 组件，来生产能够适配多种分辨率屏幕的、通过数据动态生成和更新显示内容、支持多种排版布局方式的 UI 界面。

手机的屏幕有各种分辨率，发展至今，不少于 1000 种屏幕分辨率，如何设计一套方案来适用大多数的手机屏幕呢？Cocos Creator 提供了非常多的方案，本章就来学习 UI 系统和屏幕适配方面的知识。

9.1　多分辨率适配方案

Cocos Creator 在设计之初就致力于解决一套资源适配多种分辨率屏幕的问题。简单概括来说，通过以下几个部分完成多分辨率适配解决方案。

（1）Canvas（画布）组件随时获得设备屏幕的实际分辨率并对场景中所有渲染元素进行适当的缩放。

（2）Widget（对齐挂件）放置在渲染元素上，能够根据需要将元素对齐父节点的不同参考位置。

（3）Label（文字）组件内置了提供各种动态文字排版模式的功能，当文字的约束框由于 Widget 对齐要求发生变化时，文字会根据需要呈现完美的排版效果。

（4）Sliced Sprite（九宫格精灵图）则提供了可任意指定尺寸的图像，同样可以满足各式各样的对齐要求，在任何屏幕分辨率上都显示高精度的图像。

接下来首先了解设计分辨率、屏幕分辨率的概念，才能理解 Canvas（画布）组件的缩放作用。

9.1.1　设计分辨率和屏幕分辨率

设计分辨率是内容生产者在制作场景时使用的分辨率蓝本，而屏幕分辨率是游戏在设备上运行时实际屏幕的显示分辨率。

通常设计分辨率会采用市场目标群体中使用率最高的设备的屏幕分辨率，比如目前安卓设备中的 800×480 和 1280×720 两种屏幕分辨率，或 iOS 设备中的 1136×640 和 960×640 两种屏幕分辨率。这样当美工或策划使用设计分辨率设置好场景后，就可以自动适配最主要的目标人群设备。

那么当设计分辨率和屏幕分辨率出现差异时，Cocos Creator 会如何进行适配呢？

假设设计分辨率为 800×480，美工制作了一个同样分辨率大小的背景图像，如图 9-1 所示。

图 9-1

1. 设计分辨率和屏幕分辨率宽高比相同

当屏幕分辨率的宽高比和设计分辨率相同时，假如屏幕分辨率是 1600×960，正好将背景图像放大 1600/800＝2 倍就可以完美适配屏幕。

2. 设计分辨率宽高比大于屏幕分辨率

假设屏幕分辨率是 1024×768，在图 9-2 中以红色方框表示设备屏幕可见区域。使用 Canvas 组件提供的适配高度（Fit Height）模式，将设计分辨率的高度自动撑满屏幕高度，也就是将场景图像放大 768/480＝1.6 倍。这种方案可以达到适配高度，避免黑边。

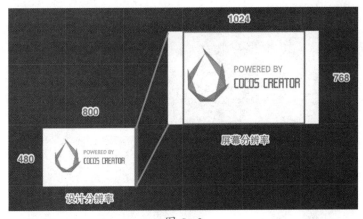

图 9-2

这是设计分辨率宽高比大于屏幕分辨率宽高比时比较理想的适配模式。如图 9-2 所示，虽然屏幕两边会裁剪掉一部分背景图，但能够保证屏幕可见区域内不出现任何穿帮或黑边。之后可以通过 Widget（对齐挂件）调整 UI 元素的位置，来保证 UI 元素出现在屏幕可见区域里。

3. 设计分辨率宽高比小于屏幕分辨率

这种方案可以达到适配宽度避免黑边。

假设屏幕分辨率是1920×960，同样在图9-3中以红色方框表示设备屏幕可见区域。使用 Canvas 组件提供的适配宽度（Fit Width）模式，将设计分辨率的宽度自动撑满屏幕宽度，也就是将场景放大 1920/800 = 2.4 倍。

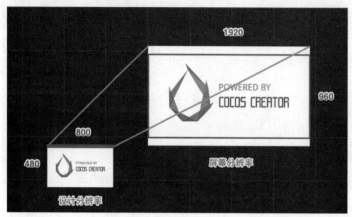

图 9-3

在设计分辨率宽高比较小时，使用这种模式会裁剪掉屏幕上下一部分背景图。

4. 完整显示设计分辨率中的所有内容

不管屏幕宽高比如何，允许出现黑边。

假设屏幕分辨率为 640×960 的竖屏，如果要确保背景图像完整地在屏幕中显示，需要同时开启 Canvas 组件中的适配高度和适配宽度，这时场景图像的缩放比例是按照屏幕分辨率中较小的一维来计算的，在图 9-4 的例子中，由于屏幕宽高比小于 1，就会以宽度为准计算缩放倍率，即 640/800 = 0.8 倍。

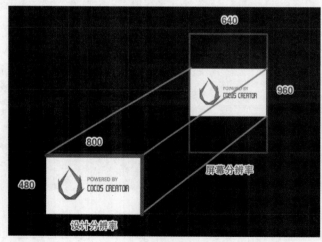

图 9-4

在这种显示模式下，屏幕上可能会出现黑边，或超出设计分辨率的场景图像（穿帮）。一般情况下，开发者应尽量避免黑边，但如果需要确保设计分辨率范围的所有内容都显示在屏幕上，也可以采用这种模式。

5. 根据屏幕宽高比，自动选择适配宽度或适配高度

如果对屏幕周围可能被剪裁的内容没有严格要求，可以不用同时选中 Canvas 组件的 Fit Width 和 Fit Height，这样子相当于开启了 NO_BORDER 模式，此时无论屏幕宽高比是多少都不会产生黑边。也就是说，当设计分辨率宽高比大于屏幕分辨率时，会适配高度；设计分辨率宽高比小于屏幕分辨率时，会适配宽度。

6. Canvas 组件不提供分别缩放 x 轴 和 y 轴缩放率

这种模式会导致图像变形拉伸。在 Cocos2d-x 引擎中，也存在称为 ExactFit 的适配模式，这种模式没有黑边，也不会裁剪设计分辨率范围内的图像，代价是场景图像的 x 和 y 方向的缩放倍率不同，图像会产生形变拉伸。

下面通过代码的方式实现这种强制拉伸的方法。

（1）将 Canvas 节点的设计分辨率改为 1280×720，如图 9-5 所示（根据实际项目需求修改）。

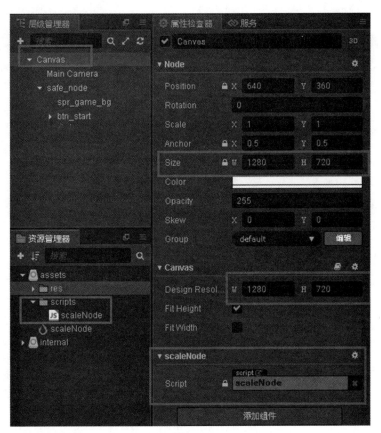

图 9-5

（2）在 Canvas 下创建一个 safe_node 节点，缩放为 1，Size 与设计分辨率同为 1280×720，如图 9-6 所示。

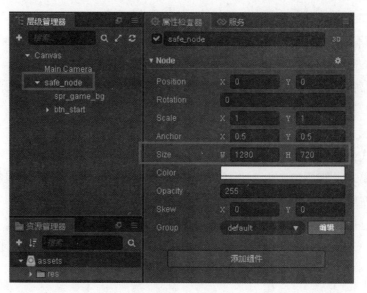

图 9-6

（3）编写一个 scaleNode.js 脚本挂接到 Canvas 节点上，代码如下：

```
var cc.Class({
    extends: cc.Component,
    properties: {
        _mySafeNode: null,
    },
    onLoad () {
        // 将所有的子节点都放到 safe_node 一个容器节点中
// 容器节点的 width 和 height 等于设计分辨率即可
        this._mySafeNode = cc.find("safe_node", this.node);
        this.setNodeScaleFixWin(this._mySafeNode);
    },

    setNodeScaleFixWin(node){
        var winSize = cc.director.getWinSize();
        // 强制拉伸
        node.scaleX = winSize.width/node.width;
        node.scaleY = winSize.height/node.height;
    }
});
```

（4）在浏览器中预览游戏，选择宽屏设备，如 iPhone X 手机，游戏自动进行全屏拉伸适配，如图 9-7 所示。

226

图 9-7

9.1.2　在场景中使用 Canvas 组件

新建场景时，会自动在场景根节点上添加一个包含 Canvas 组件的节点，如图 9-8 所示。在 Canvas 组件上就可以设置上文中提到的选项：

（1）设计分辨率（Design Resolution）；

（2）适配高度（Fit Height）；

（3）适配宽度（Fit Width）。

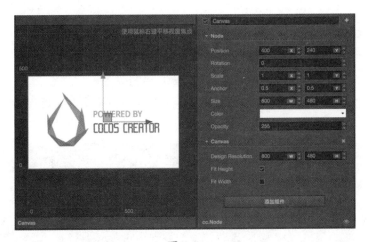

图 9-8

建议将 Canvas 节点作为所有需要适配设计分辨率的渲染节点的根节点，因为虽然场景中的所有节点都能享受到基于设计分辨率的智能缩放，但是 Canvas 节点本身还具备以下特性。

（1）尺寸（Size）。在编辑场景时，Canvas 节点的尺寸会保持和设计分辨率一致，不能手动更改。

（2）游戏运行时，在无黑边的模式中，节点的尺寸会和屏幕分辨率保持一致；在有黑边的模式中，节点的尺寸会保持设计分辨率不变。

也就是说，Canvas 的尺寸就等于屏幕可见区域，可以设置子 UI 元素自动对齐到 Canvas 的边框，保证 UI 元素都能在屏幕可见区域正确分布。

（3）位置（Position）。位置会保持在 (Width / 2, Height / 2)，也就是和设计分辨率相同大小的屏幕中心。

（4）锚点（Anchor）。锚点默认为 (0.5, 0.5)，由于 Canvas 会保持在屏幕中心位置，因此 Canvas 的子节点会以屏幕中心作为坐标系原点。这一点和 Cocos2d-x 引擎中的习惯不同，需格外注意。

9.2 对齐策略

要实现完美的多分辨率适配效果，UI 元素按照设计分辨率中规定的位置呈现是不够的，当屏幕宽度和高度发生变化时，UI 元素要能够智能感知屏幕边界的位置，才能保证出现在屏幕可见范围内，并且分布在合适的位置。通过 Widget（对齐挂件）可以实现这种效果。

下面根据要对齐元素的类别来划分不同的对齐工作流。

9.2.1 需要贴边对齐的按钮和小元素

对于暂停菜单、游戏金币这一类面积较小的元素，通常只需要贴着屏幕边对齐就可以了，步骤如下。

（1）把这些元素在【层级管理器】中设为 Canvas 节点的子节点。

（2）在元素节点上添加 Widget 组件。

（3）以对齐左下角为例，开启 Left 和 Bottom 的对齐。

（4）设置好节点和屏幕边缘的距离，如图 9-9 中所示，左边距设为 50px，下边距设为 30px。

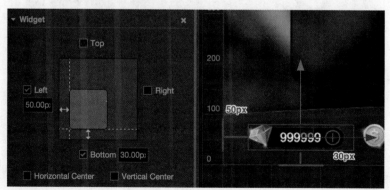

图 9-9

这样设置好 Widget 组件后，不管实际屏幕分辨率是多少，这个节点元素都会保持

228

在屏幕左下角，而且节点约束框左边和屏幕左边距离保持 50px，节点约束框下边和屏幕下边距离保持 30px。

　　注意，Widget 组件提供的对齐距离是参照子节点和父节点相同方向的约束框边界的。比如，图 9-9 中勾选了 Left 复选框以对齐左边，那么子节点约束框左边和父节点（也就是 Canvas 节点，约束框永远等于屏幕大小）约束框左边的距离就是设置的 50px。

9.2.2　嵌套对齐元素

　　在对齐屏幕边缘的做法中，由于 Widget 默认的对齐参照物是父节点，所以也可以添加不同的节点层级，并且让每一级节点都使用自动对齐的功能。

　　假设有这样的节点层级关系，如图 9-10 所示。其中 parent 是一个面板，button 是一个按钮，分别为这两个节点添加 Widget 组件，并且分别设置对齐距离。

图 9-10

　　对于 parent 节点来说，对齐 Canvas 节点的左上角，距离都是 80px，如图 9-11 所示。

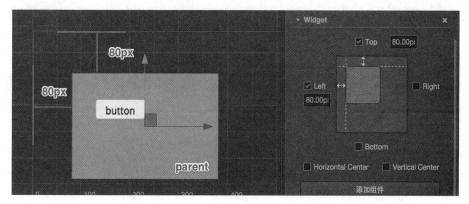

图 9-11

　　对于 button 节点来说，对齐 parent 节点的左上角，距离都是 50px，效果如图 9-12 所示。

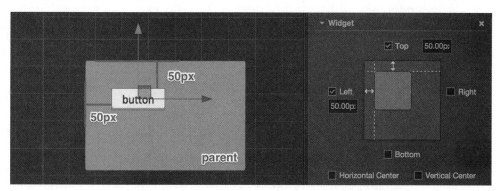

图 9-12

依照这样的工作流程，就可以将 UI 元素按照显示区域或功能进行分组，并且不同级别的元素都可以按照设计进行对齐。

9.2.3　根据对齐需要自动缩放节点尺寸

以上展示的例子里，并没有同时对齐同一轴向相反方向的两个边，如果要做一个占满整个屏幕宽度的面板，就可以同时选中 Left 和 Right 复选框，如图 9-13 所示。

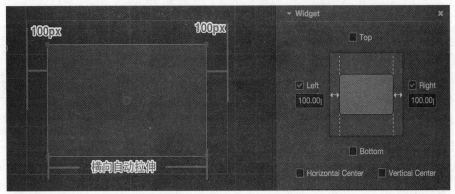

图 9-13

当同时选中相反的两个方向的对齐开关时，Widget 就获得了根据对齐需要修改节点尺寸（Size）的能力。图 9-13 中勾选了左、右两个方向并设置了边距，Widget 就会根据父节点的宽度来动态设置节点的 Width 属性，表现出来就是不管在多宽的屏幕上，面板距离屏幕左、右两边的距离永远保持 100px。

9.2.4　制作和屏幕大小保持一致的节点

利用自动缩放节点的特性，可以通过设置节点的 Widget 组件，使节点的尺寸和屏幕大小保持一致，这样就不需要把所有需要对齐屏幕边缘的 UI 元素都放在 Canvas 节点下，而是可以根据功能和逻辑的需要结组。

要制作这样的节点，首先要保证该节点的父节点尺寸能够保持和屏幕大小一致，Canvas 节点就是最好的选择。接下来，按照图 9-14 中的方式设置该节点的 Widget 组件。

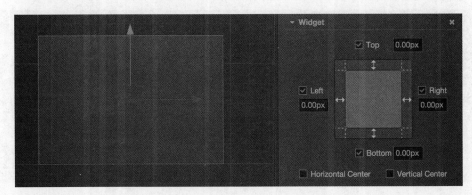

图 9-14

此时，就可以在游戏运行时时刻保持该节点和 Canvas 节点的尺寸完全一致，也就是和屏幕大小一致。经过这样设置的节点，其子节点也可以使用同样的设置来传递屏幕实际尺寸。

注意：由于 Canvas 节点本身就有和屏幕大小保持一致的功能，因此不需要在 Canvas 上添加 Widget 组件。

9.2.5　设置百分比对齐距离

在 Widget 组件上开启某个方向的对齐之后，除了指定以像素为单位的边距以外，还可以输入百分比数值，这样 Widget 会以父节点相应轴向的宽度或高度乘以输入的百分比，计算出实际的边距值。

还是以一个直接放在 Canvas 下的子节点为例，如果希望这个节点面板保持在屏幕右侧，并且总是占据 60% 的屏幕总高度，那么按照图 9-15 所示设置 Widget 组件就可以实现这个效果。

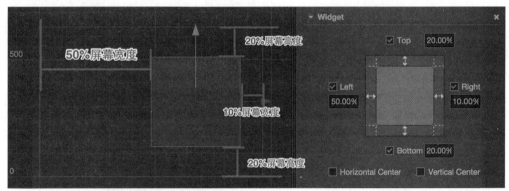

图 9-15

在 Widget 对齐方向输入边距值时，可以按照需要混合像素单位和百分比单位。比如在需要对齐屏幕中心线的 Left 方向输入 50%，在需要对齐屏幕边缘的 Right 方向输入 20px，最后计算子节点位置和尺寸时，所有的边距都会先根据父节点的尺寸换算成像素距离，然后再进行摆放。

利用百分比对齐距离，可以制作出根据屏幕大小无限缩放的 UI 元素。

9.2.6　运行时每帧更新对齐和优化策略

Widget 组件一般用于场景在目标设备上初始化时定位每个元素的位置，一旦场景初始化完毕，很多时候就再不需要 Widget 组件进行对齐了。属性 alignOnce 用于确保 Widget 组件只在初始化时执行对齐定位的逻辑，在运行时不再消耗时间来进行对齐。

alignOnce 如果被选中，组件初始化时执行过一次对齐定位后，就会通过将 Widget 组件的 enabled 属性设为 false 来关闭之后每帧自动更新来避免重复定位。如果需要在运行时实时定位，需要手动将 alignOnce 属性关闭（置为 false），或者在运行时需要对每帧进行更新对齐，可手动遍历需要对齐的 Widget 并将它们的 enabled 属性设为 true。

对于有很多 UI 元素的场景，确保 Widget 组件的 alignOnce 选项打开，可以大幅提高场景运行性能。

9.2.7　对齐组件对节点位置、尺寸的限制

通过 Widget 组件开启一个或多个对齐参考后，节点的位置（position）和尺寸（width，height）属性可能会被限制，不能通过 API 或动画系统自由修改。

9.3　制作可任意拉伸的 UI 图像

Cocos Creator 的 UI 系统核心的设计原则是能够自动适应各种不同的设备屏幕尺寸，因此在制作 UI 时需要正确设置每个控件元素的尺寸（Size），并让每个控件元素的尺寸能根据设备屏幕的尺寸进行自动拉伸适配。为此要使用九宫格格式的图像来渲染这些元素。这样，即使是很小的原始图片也能生成覆盖整个屏幕的背景图像，不但节约游戏包体空间，也能够灵活适配不同的排版需要。

图 9-16 中，右边为原始贴图大小的显示，左边是选择 Sliced 模式并放大 Size 属性后的显示效果。

图 9-16

9.3.1　编辑图像资源的九宫格切分

要使用可以无限放大的九宫格图像效果，需要先对图像资源进行九宫格切分。有两种方式可以打开 Sprite 编辑器来编辑图像资源。

（1）在【资源管理器】中选中图像资源，然后单击【属性检查器】最下面的【编辑】按钮。如果窗口高度不够，可能需要向下滚动【属性检查器】才能看到下面的按钮。

（2）在【场景编辑器】中选中想要九宫格化的图像节点，然后在【属性检查器】的 Sprite 组件里找到并单击 Sprite Frame 属性右侧的【编辑】按钮。

打开【Sprite 编辑器】以后，可以看到图像周围有一圈绿色的线条，表示当前九宫格分割线的位置。将鼠标指针移动到分割线上，可以看到鼠标指针形状发生改变，这时候就可以按下并拖动鼠标来更改分割线的位置。

　　分别拖动上下左右 4 条分割线，将图像切分成九宫格，9 个区域在 Sprite 尺寸（Size）变化时会应用不同的缩放策略，如图 9-17 所示。完成切分后需单击【Sprite 编辑器】右上角的绿色对钩来保存对资源的修改。

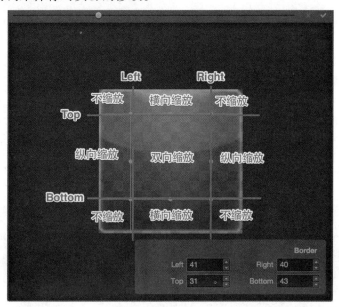

图 9-17

　　图 9-18 中描述了不同区域缩放时的示意。

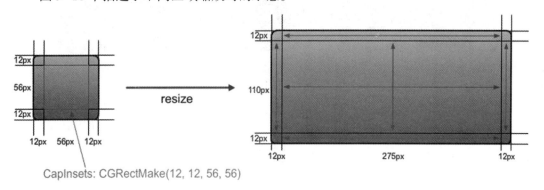

图 9-18

9.3.2　设置 Sprite 组件使用 Sliced 模式

　　准备好九宫格切分的资源后，就可以修改 Sprite 的显示模式并通过修改 Size 来制作可任意指定尺寸的 UI 元素了。

　　（1）选中场景中的 Sprite 节点，将 Sprite 的 Type 属性设为 Sliced。

　　（2）通过【矩形变换】工具拖曳控制点使节点 Size 属性变大。也可以直接在【属性检查器】中输入数值来修改 Size 属性值。如果图像资源是用九宫格的形式生产的，那么不管 Sprite 如何放大，图像都不会产生模糊或变形。

注意：在使用矩形变换工具或直接修改 Sliced Sprite 的 Size 属性时，Size 属性值不能为负数，否则不能以 Sliced 模式正常显示。

9.4 文字排版

文字组件（Label）是核心渲染组件之一，只有了解了如何设置文字的排版，才能在 UI 系统进行多分辨率适配和对齐设置时显示完美的效果。

9.4.1 文字在约束框中对齐

和其他渲染组件一样，Label 组件的排版也是基于节点尺寸（Size）的，即约束框（Bounding Box）所规定的范围。图 9-19 所示就是 Label 渲染的文字在蓝色约束框内显示的效果。

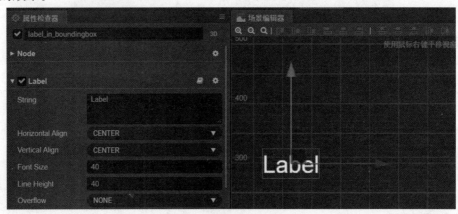

图 9-19

Label 中以下属性决定了文字在约束框中显示的位置。

（1）Horizontal Align（水平对齐）。文字在约束框中水平方向的对齐准线，可以从 Left、Right、Center 三种位置中选择。

（2）Vertical Align（垂直对齐）。文字在约束框中垂直方向的对齐准线，可以从 Top、Bottom、Center 三种位置中选择。

9.4.2 文字尺寸和行高

Font Size（文字尺寸）决定了文字的显示大小，单位是 Point（也称作"磅"），是大多数图像制作和文字处理软件中通用的字体大小单位。对于动态字体来说，Font Size 可以无损放大，但位图字体在将 Font Size 设置为超过字体标定的字号大小时，显示会变得越来越模糊。

Line Height（行高）决定了文字在多行显示时每行文字占据的空间高度，单位同样是 Point。多行文字显示可以通过两种方式实现。

（1）在 String 属性中输入文字时，手动输入回车或换行符。

（2）开启 Enable Wrap Text（换行）属性，下文会详细介绍。

文字尺寸和行高具有以下关系。

（1）如果 Font Size 和 Line Height 设为相同数值，文字正好占据一行大部分的空间高度，如图 9-20 所示。

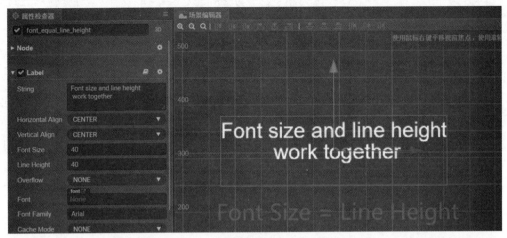

图 9-20

（2）如果 Font Size 小于 Line Height，多行文字之间间隔会加大，如图 9-21 所示。

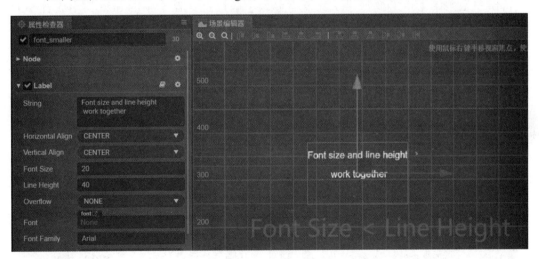

图 9-21

（3）如果 Font Size 大于 Line Height，多行文字之间间隔会缩小，甚至出现文字相互重叠的情况，如图 9-22 所示。

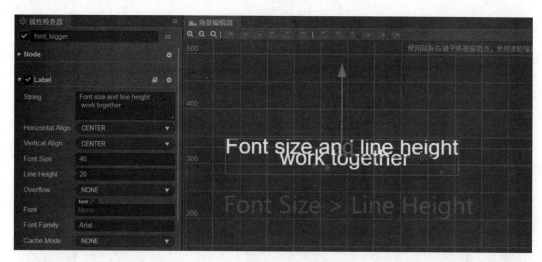

图 9-22

9.4.3　排版模式（Overflow）

Overflow 属性决定了文字内容增加时，如何在约束框的范围内排布，共有 NONE、CLAMP、SHRINK、RESIZE_HEIGHT 四种模式，而只有在后面三种模式下才能通过编辑器左上角的【矩形变换】工具或者修改【属性检查器】中的 Size 大小或者添加 Widget 组件来调整约束框的大小。

1. 截断（CLAMP）

截断模式下，文字首先按照对齐模式和尺寸的要求进行渲染，而超出约束框的部分会被隐藏（截断），如图 9-23 所示。

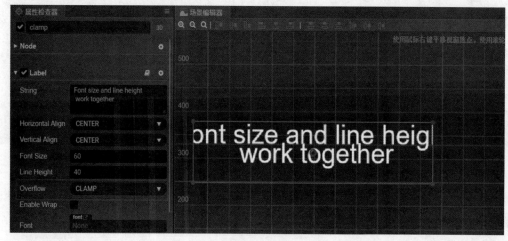

图 9-23

2. 自动缩小（SHRINK）

自动缩小模式下，如果文字按照原定尺寸渲染超出约束框时，会自动缩小文字尺寸以显示全部文字，如图 9-24 所示。

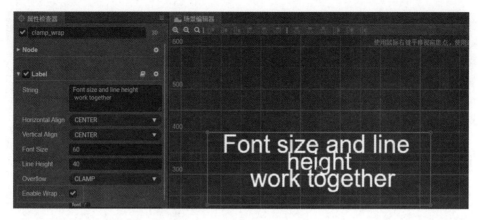

图 9-24

注意：　自动缩小模式不会放大文字来适应约束框。

3. 自动适应高度（RESIZE HEIGHT）

自动适应高度模式会保证文字的约束框贴合文字的高度，不管文字有多少行。这个模式非常适合显示内容量不固定的大段文字，配合 ScrollView 组件可以在任意 UI 区域中显示无限量的文字内容，如图 9-25 所示。

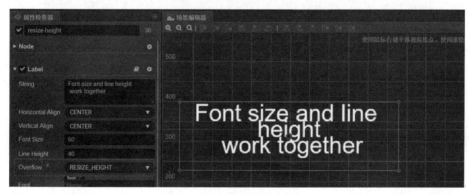

图 9-25

9.4.4　自动换行（Enable Wrap Text）

Label 组件中的 Enable Wrap Text（自动换行）属性，可以切换文字的自动换行开关。在自动换行开启的状态下，不需要在输入文字时手动输入回车或换行符，文字也会根据约束框的宽度自动换行。

注意：　自动换行属性只有在文字排版模式的截断（CLAMP）和自动缩小（SHRINK）这两种模式下才有。自动适应高度（RESIZE HEIGHT）模式下，自动换行属性是强制开启的。

9.4.5　截断（Clamp）模式自动换行

截断模式开启自动换行后，会优先在约束框允许的范围内换行排列文字，如果换行之后仍无法显示全部文字时才发生截断，如图 9-26 所示。

图 9-26

在图 9-27 中，两幅图都是处于 Clamp + Enable Wrap Text 开启状况下的，区别在于文字约束框的宽度不同。

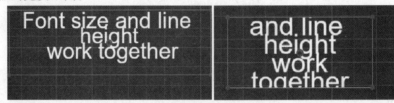

图 9-27

在约束框宽度从左图变化到右图的过程中，文字将不断调整换行，最后由于约束框高度不足而产生了截断显示。

9.4.6 自动缩小（Shrink）模式自动换行

和截断模式类似，自动缩小模式下文字超出约束框宽度时也会优先试图换行，在约束框宽度和长度都已经完全排满的情况下才会自动缩小文字以适应约束框，如图 9-28 所示。

图 9-28

9.4.7　中文自动换行

中文自动换行的行为和英文不同，英文是以单词为单位进行换行的，必须有空格才能作为换行调整的最小单位。中文是以字为单位进行换行，每个字都可以单独调整换行。

9.4.8　文字节点的锚点

文字节点的锚点和文字在约束框中的对齐模式是需要区分的两个概念。在需要靠文字内容将约束框撑大的排版模式中（如 Resize Height），要正确设置锚点位置，才能让约束框根据实际调整。例如，如果希望文字约束框向下扩展，需要将锚点（Anchor）的 y 属性设为 1，如图 9-29 所示。

图 9-29

9.4.9　文字配合对齐挂件（Widget）

在 Label 组件所在节点上添加一个 Widget（对齐挂件）组件，就可以让文字节点相对于父节点进行各式各样的排版，如图 9-30 所示。

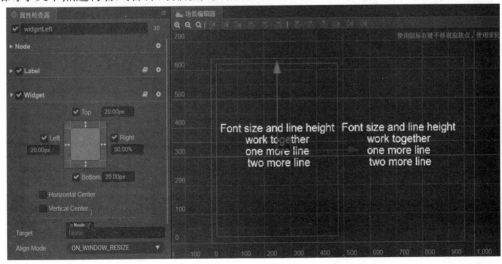

图 9-30

图 9-30 在背景节点上添加了两个 Label 子节点，分别为它们添加 Widget 组件后，设置左边文字 Widget 的 Right 属性为 50%，右边文字 Widget 的 Left 属性为 60%，就可以实现图中所示的多列布局式文字。同时，通过 Widget 设置边距，加上文字本身的排版模式，可以在不需要具体微调文字约束框大小的情况下轻松实现灵活美观的文字排版。

9.5 自动布局容器

Layout（自动布局）组件可以挂载在任何节点上，将节点变成一个有自动布局功能的容器。所谓自动布局容器，就是能够自动将子节点按照一定规律排列，并可以根据节点内容的约束框总和调整自身尺寸的容器型节点。

9.5.1 布局模式（Layout Type）

自动布局组件可以通过 Layout Type 属性进行设置，包括以下几种基本的布局模式。

1. 水平布局（Horizontal）

Layout Type 设为 Horizontal 时，所有子节点都会自动横向排列，并根据子节点的宽度（Width）总和设置 Layout 节点的宽度。图 9-31 中，Layout 包括的两个 Label 节点就自动被横向排列。

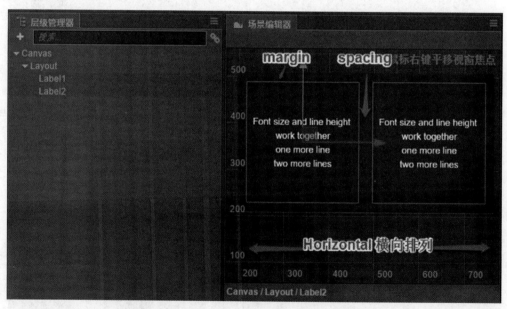

图 9-31

水平布局模式下，Layout 组件不会干涉节点在 y 轴上的位置或高度属性，子节点甚至可以放置在 Layout 节点的约束框高度范围之外。如果需要子节点在 y 轴向上对齐，就可以在子节点上添加 Widget 组件，并开启 Top 或 Bottom 的对齐模式。

2. 垂直布局（Vertical）

Layout Type 设为 Vertical 时，所有子节点都会自动纵向排列，并根据子节点的高度（Height）总和设置 Layout 节点的高度，如图 9-32 所示。垂直布局模式下，Layout 组件也不会修改节点在 x 轴的位置或宽度属性，子节点需要添加 Widget 并开启 Left 或 Right 对齐模式才能规整地排列。

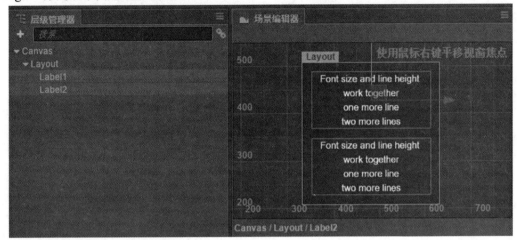

图 9-32

3. 网格布局（Grid）

Layout Type 设为 Grid 时，所有子节点会根据开始轴 Start Axis（Horizoltal 表示水平方向优先排列，Vertical 表示列优先排列）进行排列。可以设置缩放模式来影响子节点的大小。

9.5.2　节点排列方向

Layout 排列子节点时，是以子节点在【层级管理器】中的显示顺序为基准，加上 Vertical Direction 或 Horizontal Direction 属性设置的排列方向来排列的。

1. 水平排列方向（Horizontal Direction）

可以设置 Left to Right 或 Right to Left 两种方向，前者会按照节点在【层级管理器】中的显示顺序从左到右排列；后者会按照节点显示从右到左排列。

2. 垂直排列方向（Vertical Direction）

可以设置 Top to Bottom 或 Bottom to Top 两种方向。前者会按照节点在【层级管理器】中的显示顺序从上到下排列；后者会按照节点显示从下到上排列。

9.6　Canvas（画布）组件参考

Canvas（画布）组件能够随时获得设备屏幕的实际分辨率并对场景中所有渲染元素进行适当的缩放。场景中的 Canvas 同时只能有一个，建议所有 UI 和可渲染元素都设置为 Canvas 的子节点。Canvas 组件的相关属性见表 9-1。

表 9-1 Canvas 组件的属性

属　　性	说　　明
Design Resolution	设计分辨率（内容生产者在制作场景时使用的分辨率蓝本）
Fit Height	适配高度（设计分辨率的高度自动撑满屏幕高度）
Fit Width	适配宽度（设计分辨率的宽度自动撑满屏幕宽度）

9.7 Widget 组件参考

Widget（对齐挂件）是一个很常用的 UI 布局组件。它能使当前节点自动对齐到父物体的任意位置，或者约束尺寸，让游戏可以方便地适配不同的分辨率，如图 9-33 所示。

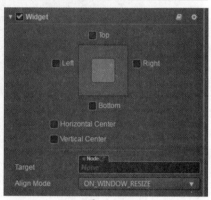

图 9-33

9.7.1 Widget 组件的属性

Widget 组件的属性见表 9-2。

表 9-2 Widget 组件的属性

属　　性	说　　明	备　　注
Top	对齐上边界	选中后，将在旁边显示一个文本框，用于设定当前节点的上边界和父物体的上边界之间的距离
Bottom	对齐下边界	选中后，将在旁边显示一个文本框，用于设定当前节点的下边界和父物体的下边界之间的距离
Left	对齐左边界	选中后，将在旁边显示一个文本框，用于设定当前节点的左边界和父物体的左边界之间的距离
Right	对齐右边界	选中后，将在旁边显示一个文本框，用于设定当前节点的右边界和父物体的右边界之间的距离
Horizontal Center	水平方向居中	
Vertical Center	竖直方向居中	
Target	对齐目标	指定对齐参照的节点，当未指定目标时会使用直接父级节点作为对齐目标
Align Mode	指定 Widget 的对齐方式，用于决定运行时 Widget 应何时更新	通常设置为 ON_WINDOWS_RESIZE，仅在初始化和窗口大小改变时重新对齐；设置为 ONCE 时，仅在组件初始化时进行一次对齐；设置为 ALWAYS 时，每帧都会对当前 Widget 组件执行对齐逻辑

9.7.2 对齐边界

可以在 Canvas 下新建一个 Sprite，在 Sprite 节点上添加一个 Widget 组件，然后作如下测试：竖直方向居中，并且右边界距离 50%，如图 9-34 所示。

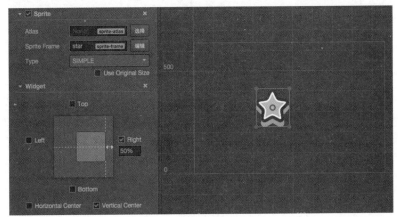

图 9-34

9.7.3 约束尺寸

如果左右同时对齐，或者上下同时对齐，那么在相应方向上的尺寸就会被拉伸。在场景中放置两个矩形 Sprite，大的作为对话框背景，小的作为对话框上的按钮，按钮节点作为对话框的子节点，并且按钮设置成 Sliced 模式以便展示拉伸效果；然后将宽度拉伸，左右边距设为 10%，如图 9-35 所示。

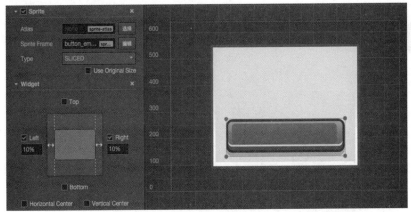

图 9-35

9.7.4 对节点位置、尺寸的限制

如果将 Align Mode 属性设为 ALWAYS，游戏运行每帧都会按照设置的对齐策略进行对齐，组件所在节点的位置（position）和尺寸（width、height）属性可能会被限制，不能通过 API 或动画系统自由修改。这是因为通过 Widget 对齐是在每帧的最后阶段进

行的，所以对 Widget 组件中相关对齐属性的设置最后都会被 Widget 组件本身的更新所重置。

如果需要同时满足对齐策略和可以在游戏运行时改变位置和尺寸的需要，可以通过以下两种方式实现。

（1）确保 Widget 组件的 Align Mode 属性设置为 ONCE，该属性只会负责在组件初始化（onEnable）时进行一次对齐，而不会每帧再进行一次对齐，再通过 API 或动画系统对 UI 进行移动变换。

（2）通过调用 Widget 组件的对齐边距 API，包括 top、bottom、left、right，直接修改 Widget 所在节点的位置或某一轴向的拉伸。这些属性也可以在【动画编辑器】中添加相应关键帧，保证对齐的同时实现各种丰富的 UI 动画。

9.7.5　注意

Widget 组件会自动调整当前节点的坐标和宽高，不过调整结果要到下一帧才能在脚本里获取到，除非手动调用 updateAlignment。

9.8　Button（按钮）组件参考

Button 组件可以响应用户的单击操作，当用户单击 Button 时，Button 自身会有状态变化。另外，Button 还可以让用户在完成单击操作后响应一个自定义的行为。

单击【属性检查器】下面的【添加组件】按钮，然后从 UI 组件中选择 Button，即可添加 Button 组件到节点上，如图 9-36 所示。

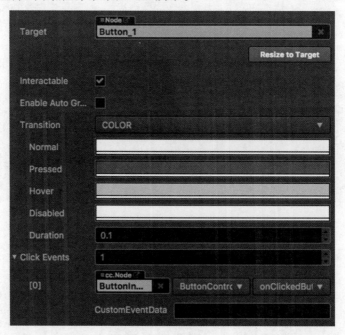

图 9-36

9.8.1　Button 组件的属性

Button 组件的属性见表 9-3。

表 9-3　Button 组件的属性

属　　性	功能说明
Target	Node 类型，当 Button 发生 Transition 的时候，会相应地修改 Target 节点的 SpriteFrame、颜色或者 Scale
Interactable	布尔类型，设为 false 时，则 Button 组件进入禁用状态
Enable Auto Gray Effect	布尔类型，当设置为 true 的时候，如果 button 的 interactable 属性为 false，则 button 的 sprite Target 会变为灰度
Transition	枚举类型，包括 NONE、COLOR、SPRITE 和 SCALE。每种类型对应不同的 Transition 设置
Click Events	列表类型，默认为空，用户添加的每一个事件由节点引用、组件名称和一个响应函数组成

注意：当 Transition 为 SPRITE 且 disabledSprite 属性关联一个 SpriteFrame 的时候，将忽略 Enable Auto Gray Effect 属性。

9.8.2　Button 组件的 Transition 属性

Button 组件的 Transition 用来指定当用户单击 Button 时的状态表现。Transition 目前主要有 NONE、COLOR、SPRITE 和 SCALE 四种类型，如图 9-37 所示，其属性见表 9-4~表 9-6。

图 9-37

表 9-4　Color 类型的 Transition 属性

属　　性	功能说明
Normal	Button 在 Normal 状态下的颜色
Pressed	Button 在 Pressed 状态下的颜色
Hover	Button 在 Hover 状态下的颜色
Disabled	Button 在 Disabled 状态下的颜色
Duration	Button 状态切换需要的时间间隔

表 9-5　Sprite 类型的 Transition 属性

属　性	功能说明
Normal	Button 在 Normal 状态下的 SpriteFrame
Pressed	Button 在 Pressed 状态下的 SpriteFrame
Hover	Button 在 Hover 状态下的 SpriteFrame
Disabled	Button 在 Disabled 状态下的 SpriteFrame

表 9-6　Scale 类型的 Transition 属性

属　性	功能说明
Duration	Button 状态切换需要的时间间隔
ZoomScale	当用户单击按钮后，按钮会缩放到一个值，这个值等于 Button 原始 scale*zoomScale，zoomScale 可以为负数

9.8.3　Button 单击事件

Button 可以额外添加 Click 事件，用于响应玩家的单击操作，有以下两种方法。

1. 通过【属性检查器】添加回调

通过【属性检查器】添加回调方式如图 9-38 所示。Click 事件的相关属性见表 9-7。

图 9-38

表 9-7　Click 事件属性

序号	属　性	功能说明
1	Target	带有脚本组件的节点
2	Component	脚本组件名称
3	Handler	指定一个回调函数，当用户单击 Button 时会触发此函数
4	CustomEventData	用户指定任意的字符串作为事件回调的最后一个参数传入

2. 通过脚本添加回调

通过脚本添加回调有以下两种方式。

（1）这种方法添加的事件回调和使用编辑器添加的事件回调是一样的，都是通过 Button 组件实现。

首先需要构造一个 cc.Component.EventHandler 对象，然后设置好对应的 target、component、handler 和 customEventData 参数。

```
//MyComponent.js
cc.Class({
    extends: cc.Component,
    properties: {},

    onLoad: function () {
        var clickEventHandler = new cc.Component.EventHandler();
        // 这个 node 节点是事件处理代码组件所属的节点
        clickEventHandler.target = this.node;
        clickEventHandler.component = "MyComponent";// 这个是代码文件名
        clickEventHandler.handler = "callback";
        clickEventHandler.customEventData = "foobar";

        var button = node.getComponent(cc.Button);
        button.clickEvents.push(clickEventHandler);
    },

    callback: function (event, customEventData) {
        // 这里 event 是一个 Event 对象，可以通过 event.target 获取到事件的
        发送节点
        var node = event.target;
        var button = node.getComponent(cc.Button);
        // 这里的 customEventData 参数就等于之前设置的 foobar
    }
});
```

（2）通过 button.node.on('click', ...) 的方式来添加。这是一种非常简便的方式，但是该方式有一定的局限性，在事件回调里面无法获得当前单击按钮的屏幕坐标点。

假设在一个组件的 onLoad 方法里面添加事件处理回调，在 callback 函数中进行事件处理：

```
cc.Class({
    extends: cc.Component,
    properties: {
```

```
        button: cc.Button
    },
    onLoad: function () {
        this.button.node.on('click', this.callback, this);
    },
    callback: function (button) {
        // do whatever you want with button
        // 另外，注意这种方式注册的事件，也无法传递 customEventData
    }
});
```

9.9　Layout 组件参考

　　Layout 是一种容器组件，包括水平布局容器、垂直布局容器、网格布局容器。容器能够开启自动布局功能，自动按照规范排列所有子物体，方便用户制作列表、翻页等功能。单击【属性检查器】下面的【添加组件】按钮，然后从 UI 组件中选择 Layout，即可添加 Layout 组件到节点上，如图 9-39 所示。

图 9-39

9.9.1　Layout 组件的属性

Layout 组件的属性见表 9-8。

表 9-8　Layout 组件的属性

属　　性	功能说明
Type	布局类型，支持 NONE、HORIZONTAL、VERTICAL 和 GRID
Resize Mode	缩放模式，支持 NONE、CHILDREN 和 CONTAINER
Padding Left	排版时，子物体相对于容器左边框的距离
Padding Right	排版时，子物体相对于容器右边框的距离
Padding Top	排版时，子物体相对于容器上边框的距离
Padding Bottom	排版时，子物体相对于容器下边框的距离
Spacing X	水平排版时，子物体与子物体在水平方向上的间距。NONE 模式无此属性
Spacing Y	垂直排版时，子物体与子物体在垂直方向上的间距。NONE 模式无此属性
Horizontal Direction	指定水平排版时，第一个子节点从容器的左边还是右边开始布局。当容器为 Grid 类型时，此属性和 Start Axis 属性一起决定 Grid 布局元素的起始水平排列方向
Vertical Direction	指定垂直排版时，第一个子节点从容器的上面还是下面开始布局。当容器为 Grid 类型时，此属性和 Start Axis 属性一起决定 Grid 布局元素的起始垂直排列方向
Cell Size	此属性只在 Grid 布局、Children 缩放模式时存在，指定网格容器里面排版元素的大小
Start Axis	此属性只在 Grid 布局时存在，指定网格容器里面元素排版指定的起始方向轴
Affected By Scale	子节点的缩放是否影响布局

9.9.2　详细说明

添加 Layout 组件之后，默认的布局类型是 NONE，它表示容器不会修改子物体的大小和位置，当用户手动摆放子物体时，容器会以能够容纳所有子物体的最小矩形区域作为自身的大小。

通过修改【属性检查器】里面的 Type 可以切换布局容器的类型（水平、垂直或者网格布局）。

所有容器均支持 ResizeMode（NONE 容器只支持 NONE 和 CONTAINER）。

（1）当 ResizeMode 设置为 NONE 时，子物体和容器的大小变化互不影响。

（2）设置为 CHILDREN，则子物体大小会随着容器的大小而变化。

（3）设置为 CONTAINER，则容器的大小会随着子物体的大小变化。

在使用网格布局时，将 Start Axis 设置为 HORIZONTAL，将在新行开始之前填充整行；设置为 VERTICAL，将在新列开始之前填充整个列。

注意：

（1）Layout 不会考虑子节点的缩放和旋转。

（2）Layout 设置后的结果需要到下一帧才会更新，除非设置完以后手动调用 updateLayoutAPI。

9.10　EditBox 组件参考

EditBox 是一种文本输入组件，如图 9-40 所示，该组件可以轻松获取用户输入的文本。

图 9-40

单击【属性检查器】下面的【添加组件】按钮，然后从 UI 组件 中选择 EditBox，即可添加 EditBox 组件到节点上。

9.10.1　EditBox 组件的属性

EditBox 组件的属性见表 9-9。

表 9-9　EditBox 组件的属性

属　性	功能说明
String	文本框的初始文本内容，如果为空则会显示占位符的文本
Placeholder	文本框占位符的文本内容
Background	文本框背景节点上挂载的 Sprite 组件对象
Text Label	文本框输入文本节点上挂载的 Label 组件对象
Placeholder Label	文本框占位符节点上挂载的 Label 组件对象
KeyboardReturnType	指定移动设备上面 Enter 按钮的样式
Input Flag	指定输入标识：可以指定输入方式为密码或者单词首字母大写（仅支持 Android 平台）
Input Mode	指定输入模式：ANY 表示多行输入，其他都是单行输入，移动平台上还可以指定键盘样式
Max Length	输入框最大允许输入的字符个数
Tab Index	修改 DOM 输入元素的 tabIndex，这个属性只有在 Web 上面修改有意义
Editing Did Began	开始编辑文本框触发的事件回调
Text Changed	编辑文本框时触发的事件回调
Editing Did Ended	结束编辑文本框时触发的事件回调
Editing Return	当用户按下 Enter 键时的事件回调，目前不支持 Windows 平台

注：

（1）KeyboardReturnType 特指在移动设备上面进行输入的时候，弹出的虚拟键盘上面的 Enter 键样式。

（2）如果需要输入密码，则需要把 Input Flag 设置为 password，同时 Input Mode 必须是 Any 之外的选择，一般选择 Single Line。

（3）如果要输入多行，可以把 Input Mode 设置为 Any。

（4）背景图片支持九宫格缩放。

9.10.2　EditBox 组件的事件

（1）Editing Did Began 事件。在用户单击文本框获取焦点的时候被触发。

（2）Text Changed 事件。在用户每一次输入文字变化的时候被触发。

（3）Editing Did Ended 事件。单行模式下，一般是在用户按 Enter 键或者单击屏幕文本框以外的地方时调用该函数。如果是多行输入，一般是在用户单击屏幕文本框以外的地方时调用该函数。

（4）Editing Return 事件。在用户按 Enter 键或者在移动端上单击软键盘的【完成】按钮时，该事件会被触发。如果是单行文本框，按 Enter 键还会使文本框失去焦点。

9.10.3 通过脚本代码添加回调

通过 editbox.node.on('editing-did-began', ...) 的方式来添加。

假设在一个组件的 onLoad 方法里面添加事件处理回调，在 callback 函数中进行事件处理：

```
cc.Class({
    extends: cc.Component,
    properties: {
        editbox: cc.EditBox
    },

    onLoad: function () {
        this.editbox.node.on('editing-did-began', this.callback, this);
    },

    callback: function (editbox) {
        // 回调的参数是 editbox 组件
        // do whatever you want with the editbox
    }
});
```

同样，可以注册 editing-did-ended、text-changed 和 editing-return 事件，这些事件的回调函数的参数与 editing-did-began 的参数一致。

9.11 ScrollView 组件参考

ScrollView 是一种带滚动功能的容器，它提供一种方式可以在有限的显示区域内浏览更多的内容。通常 ScrollView 会与 Mask 组件配合使用，同时也可以添加 ScrollBar 组件来显示浏览内容的位置，如图 9-41 所示。

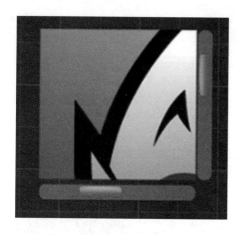

图 9-41

单击【属性检查器】下面的【添加组件】按钮，然后从 UI 组件 中选择 ScrollView，即可添加 ScrollView 组件到节点上。

9.11.1　ScrollView 组件的属性

ScrollView 组件的属性见表 9-10。

表 9-10　ScrollView 组件的属性

属　　性	功能说明
Content	它是一个节点引用，用来创建 ScrollView 的可滚动内容，通常这可能是一个包含一张巨大图片的节点
Horizontal	布尔值，是否允许横向滚动
Vertical	布尔值，是否允许纵向滚动
Inertia	滚动的时候是否有加速度
Brake	浮点数，滚动之后的减速系数，取值范围是 0~1，如果是 1 则立马停止滚动；如果是 0，则会一直滚动到 Content 的边界
Elastic	布尔值，是否回弹
Bounce Duration	浮点数，回弹所需要的时间，取值范围是 0~10
Horizontal ScrollBar	它是一个节点引用，用来创建一个滚动条来显示 Content 在水平方向上的位置
Vertical ScrollBar	它是一个节点引用，用来创建一个滚动条来显示 Content 在垂直方向上的位置
Scroll Events	列表类型，默认为空，用户添加的每一个事件由节点引用、组件名称和一个响应函数组成
Cancel Inner Events	如果这个属性被设置为 true，那么滚动行为会取消子节点上注册的触摸事件，默认被设置为 true

Scrollview 的事件回调有两个参数，第一个参数是 ScrollView 本身，第二个参数是 ScrollView 的事件类型。

9.11.2　ScrollBar 的设置

ScrollBar 是可选的，可以选择只设置 Horizontal ScrollBar 或者 Vertical ScrollBar，当然也可以两者都设置。建立关联可以通过在【层级管理器】里面拖曳一个带有 ScrollBar 组件的节点到 ScrollView 的相应字段完成。

9.11.3　详细说明

ScrollView 组件必须有指定的 Content 节点才能起作用，通过指定滚动方向和 Content 节点在滚动方向上的长度来计算滚动时的位置信息。Content 节点也可以通过 UIWidget 设置自动 resize。通常一个 ScrollView 的节点树如图 9-42 所示。

图 9-42

图 9-42 中的 Viewport 用来定义一个可以显示的滚动区域，所以通常 Mask 组件会被添加到 Viewport 上。可以滚动的内容可以直接放到 Content 节点或者 Content 的子节点上。

9.11.4　通过脚本代码添加回调

通过 scrollview.node.on('scroll-to-top', ...) 的方式来添加回调。

假设在一个组件的 onLoad 方法里面添加事件处理回调，在 callback 函数中进行事件处理：

```
cc.Class({
    extends: cc.Component,
    properties: {
        scrollview: cc.ScrollView
    },
    onLoad: function () {
        this.scrollview.node.on('scroll-to-top', this.callback, this);
    },
    callback: function (scrollView) {
        // 回调的参数是 ScrollView 组件
        // do whatever you want with scrollview
    }
```

```
});
```

同样，也可以注册 scrolling、touch-up、scroll-began 等事件，这些事件的回调函数的参数与 scroll-to-top 的参数一致。

9.12　ProgressBar 组件参考

ProgressBar（进度条）经常用于在游戏中显示某个操作的进度，如图 9-43 所示。在节点上添加 ProgressBar 组件，然后给该组件关联一个 Bar Sprite，就可以在场景中控制 Bar Sprite 来显示进度了。

图 9-43

单击【属性检查器】下面的【添加组件】按钮，然后从 UI 组件中选择 ProgressBar，即可添加 ProgressBar 组件到节点上。

9.12.1　ProgressBar 组件的属性

ProgressBar 组件的属性见表 9-11。

表 9-11　ProgressBar 组件的属性

属　　性	功能说明
Bar Sprite	进度条渲染所需要的 Sprite 组件，可以通过拖曳一个带有 Sprite 组件的节点到该属性上来建立关联
Mode	支持 HORIZONTAL（水平）、VERTICAL（垂直）和 FILLED（填充）三种模式，可以通过配合 reverse 属性来改变起始方向
Total Length	当进度条为 100% 时 Bar Sprite 的总长度 / 总宽度。在 FILLED 模式下 Total Length 表示取 Bar Sprite 总显示范围的百分比，取值范围为 0 ~ 1
Progress	浮点，取值范围是 0~1，不允许输入该范围之外的数值
Reverse	布尔值，默认的填充方向是从左至右 / 从下到上，开启后变成从右到左 / 从上到下

9.12.2　详细说明

添加 ProgressBar 组件之后，通过从【层级管理器】中拖曳一个带有 Sprite 组件的节点到 Bar Sprite 属性上，便可以通过拖动 progress 滑块来控制进度条的显示了。

Bar Sprite 可以是自身节点、子节点，或者任何一个带有 Sprite 组件的节点。另外，

Bar Sprite 可以自由选择 Simple、Sliced 和 Filled 渲染模式。

在进度条的模式选择 FILLED 的情况下，Bar Sprite 的 Type 也需要设置为 FILLED，否则会出现警告。

9.13　BlockInputEvents 组件参考

BlockInputEvents 组件将拦截所属节点 bounding box 内的所有输入事件（鼠标和触摸），防止输入事件穿透到下层节点，一般用于上层 UI 的背景，如弹框。

当制作一个弹出式 UI 对话框时，对话框背景默认不会截获事件。就是说虽然它的背景挡住了游戏场景，但在背景上单击或触摸时，下面被遮住的游戏元素仍会响应单击事件。只要在背景所在的节点上添加这个组件，就能避免这种情况。该组件没有任何 API 接口，直接添加到场景即可生效。

9.14　PageView 组件参考

PageView 是一种页面视图容器，如图 9-44 所示，通常用在多个页面左右切换时。

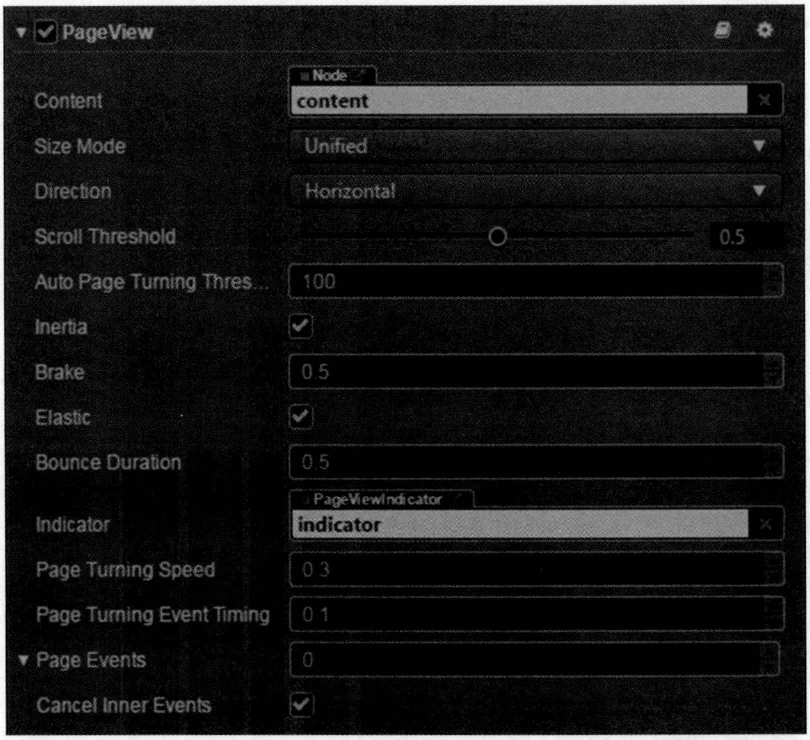

图 9-44

单击【属性检查器】下面的【添加组件】按钮，然后从 UI 组件中选择 PageView，即可添加 PageView 组件到节点上。

9.14.1　PageView 组件的属性

PageView 组件的属性见表 9-12。

表 9-12　PageView 组件的属性

属　　性	功能说明
Content	它是一个节点引用，用来创建 PageView 的可滚动内容
Size Mode	页面视图中每个页面大小类型，目前有 Unified 和 Free 两种类型
Direction	页面视图滚动方向
Scroll Threshold	滚动临界值，默认单位为百分比，当拖曳超出该数值时，松开会自动滚动下一页，小于时则还原
Auto Page Turning Threshold	快速滑动翻页临界值，当用户快速滑动时，会根据滑动开始和结束的距离与时间计算出一个速度值，该值与临界值相比较，如果大于临界值，则进行自动翻页
Inertia	是否开启滚动惯性
Brake	开启惯性后，在用户停止触摸后滚动多快停止，0 表示永不停止，1 表示立刻停止
Elastic	布尔值，是否回弹
Bounce Duration	浮点数，回弹所需要的时间，取值范围是 0~10
Indicator	页面视图指示器组件
Page Turning Speed	每个页面翻页时所需时间，单位：秒
Page Turning Event Timing	设置 PageView、PageTurning 事件的发送时机
Page Events	数组，滚动视图的事件回调函数
Cancel Inner Events	布尔值，是否在滚动时取消子节点上注册的触摸事件

9.14.2　CCPageViewIndicator 的设置

CCPageViewIndicator 是可选的，该组件用来显示页面的个数和标记当前显示在哪一页。

建立关联，可以通过在【层级管理器】里面拖曳一个带有 PageViewIndicator 组件的节点到 PageView 组件的 Indicator 属性中实现。

9.14.3　PageView 事件

PageView 的事件回调有两个参数，第一个参数是 PageView 本身，第二个参数是

PageView 的事件类型。

9.14.4 详细说明

PageView 组件必须有指定的 Content 节点才能起作用，Content 中的每个子节点为一个单独页面，每个页面的大小为 PageView 节点的大小，操作效果分为以下两种。

（1）缓慢滑动。通过拖曳视图中的页面到达指定的 ScrollThreshold 数值（该数值是页面大小的百分比）以后松开鼠标会自动滑动到下一页。

（2）快速滑动。快速地向一个方向进行拖动，自动滑到下一页，每次最多只能滑动一页。

PageView 的节点树如图 9-45 所示。

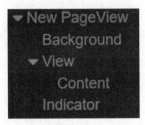

图 9-45

9.14.5 通过脚本代码添加回调

通过 pageView.node.on('page-turning', ...) 的方式来添加回调。

假设在一个组件的 onLoad 方法里面添加事件处理回调，在 callback 函数中进行事件处理：

```
cc.Class({
    extends: cc.Component,
    properties: {
        pageView: cc.PageView
    },

    onLoad: function () {
        this.pageView.node.on('page-turning', this.callback, this);
    },
    callback: function (pageView) {
        // 回调的参数是 PageView 组件
        // 另外，注意这种方式注册的事件也无法传递 customEventData
    }
});
```

9.15　本章小结

　　本章介绍了 Cocos Creator 中强大而灵活的 UI（用户界面）系统，首先介绍了多分辨率适配方案，子节点通常都是放到 Canvas 子节点下面，因为 Canvas 可以在运行的时候更好地适配手机屏幕。对应常用的边缘按钮，通常使用 Widget 组件进行对齐适配，当然也可以配合 Sprite 的九宫格模式来制作任意拉伸的 UI 图像。后面还介绍了文字的排版，在制作游戏公告板的时候，通常使用 Label 组件来完成。还可以借助 Layout 组件实现水平、垂直、网格等布局子节点。本章的后面篇章，介绍了常用的 UI 控件，如 Canvas 组件、Widget 对齐组件、Button 按键、Layout 布局、EditBox 文本框、ScrollView 滚动视图、ProgressBar 进度条、PageView 多页面切换组件、BlockInputEvents 拦截输入组件等。相信通过 Cocos Creator 提供的这些丰富的 UI 适配方案和 UI 组件，大家能够制作出非常绚丽多彩的游戏界面。

第 10 章　动画系统

本章将介绍 Cocos Creator 的动画系统，除了标准的位移、旋转、缩放动画和序列帧动画以外，这套动画系统还支持任意组件属性和用户自定义属性的驱动，再加上可任意编辑的时间曲线和创新的移动轨迹编辑功能，能够让内容生产人员不写一行代码就制作出细腻的各种动态效果，界面如图 10-1 所示。

图 10-1

注意：Cocos Creator 自带的动画编辑器适用于制作一些不太复杂的、需要与逻辑进行联动的动画，例如 UI 动画。如果要制作复杂的特效、角色动画、嵌套动画，可以考虑改用 Spine 或者 DragonBones。

10.1　关于 Animation

10.1.1　Animation 组件

前面了解了 Cocos Creator 是组件式的结构，Animation 也不例外，它也是节点上的一个组件。

10.1.2　Clip 动画剪辑

动画剪辑就是一份动画的声明数据，将它挂载到 Animation 组件上，就能够将这份动画数据应用到节点上。

10.1.3　节点数据的索引方式

数据中索引节点的工作方式是以挂载 Animation 组件的节点为根节点的相对路径。所以同个父节点下的同名节点只能够产生一份动画数据，并且只能应用到第一个同名节点上。

10.1.4　Clip 动画文件的参数

（1）sample。此参数定义当前动画数据每秒的帧率，默认为 60，这个参数会影响时间轴上每两个整数秒刻度之间的帧数量（也就是 2s 之内有多少格）。

（2）speed。此参数表示当前动画的播放速度，默认为 1。

（3）duration。当动画播放速度为 1 的时候，此参数表示动画的持续时间。

（4）real time。此参数表示动画从开始播放到结束真正持续的时间。

（5）wrap mode。此参数表示循环模式。

10.1.5　动画编辑模式

动画在普通模式下是不允许编辑的，只有在动画编辑模式下，才能够被编辑。但是在编辑模式下，无法对节点进行增加 / 删除 / 改名等操作。

（1）打开编辑模式：选中一个包含 Animation 的组件，且包含有一个以上 Clip 文件的节点，然后在【动画编辑器】左上角单击【编辑】按钮。

（2）退出编辑模式：单击【动画编辑器】左上角的【编辑】按钮，或者单击【场景编辑器】左上角的【关闭】按钮。

10.1.6　熟悉动画编辑器

动画编辑器一共可以划分为 6 个主要部分，如图 10-2 所示。

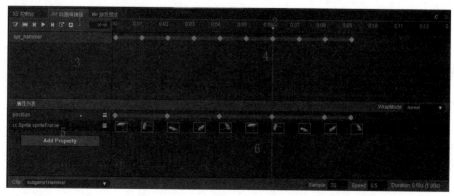

图 10-2

（1）常用按钮区域。这里负责显示一些常用的功能按钮，从左到右依次为：开关录制状态、返回第一帧、上一帧、播放/暂停、下一帧、插入动画事件、新建动画剪辑Clip文件等。

（2）时间轴与事件。这里主要是显示时间轴，添加的自定义事件也会在这里显示。

（3）层级管理（节点树）。当前动画剪辑可以影响到的节点数据。

（4）节点内关键帧的预览区域。这里主要是显示各个节点上所有帧的预览时间轴。

（5）属性列表。显示当前选中的节点在选中的动画剪辑中已经包含的属性列表。

（6）关键帧。每个属性相对应的帧都会显示在这里。

10.1.7 时间轴的刻度单位表示方式

时间轴上刻度的表示法是01:05。该数值由两部分组成，冒号前面的数字表示当前秒数，冒号后面的数字表示在当前这一秒里的第几帧。

例如，01:05表示该刻度在时间轴上位于从动画开始经过了1s又5帧的时间。

因为帧率（sample）可以随时调整，因此同一个刻度表示的时间点也会随着帧率变化而有所不同。

当帧率为30时，01:05表示动画开始后 $1 + 5/30 = 1.1667s$。

当帧率为10时，01:05表示动画开始后 $1 + 5/10 = 1.5s$。

虽然当前刻度表示的时间点会随着帧率变化，但一旦在一个位置添加了关键帧，该关键帧所在的总帧数是不会改变的。假如在帧率为30时，向01:05刻度上添加了关键帧，该关键帧位于动画开始后总第35帧。之后把帧率修改为10，该关键帧仍然处在动画开始后第35帧，而此时关键帧所在位置的刻度读数为03:05，换算成时间以后正好是之前的3倍。

10.1.8 基本操作

1. 更改时间轴缩放比例

在操作中如果觉得【动画编辑器】显示的范围太小，需要按比例缩小，让更多的关键帧显示到编辑器内，可在图10-2中2、4、6区域内滚动鼠标滚轮，以放大或者缩小时间轴的显示比例。

2. 移动显示区域

如果想看【动画编辑器】右侧超出编辑器被隐藏的关键帧或是左侧被隐藏的关键帧，就需要移动显示区域，在图10-2中2、4、6区域内按下鼠标中键/右键拖曳即可。

3. 更改当前选中的时间轴节点

（1）在时间轴（图2区域）区域内单击任意位置或者拖曳，都可以更改当前的时间节点。

（2）在图4区域内拖曳标示的红线即可。

4. 播放 / 暂停动画

（1）在图 1 区域内单击【播放】按钮，会自动变更为暂停，再次单击则动画暂停。

（2）播放状态下，保存场景等操作会终止播放。

5. 修改 Clip 属性

在插件底部，修改对应的属性，在文本框失去焦点的时候就会更新到实际的 Clip 数据中。

6. 快捷键

（1）left。向前移动一帧，如果已经在第 0 帧，则忽略当前操作。

（2）right。向后移动一帧。

（3）delete。删除当前所选中的关键帧。

（4）k。正向播放动画，抬起后停止。

（5）j。反向播放动画，抬起后停止。

（6）Ctrl / Cmd + Left。跳转到第 0 帧。

（7）Ctrl / Cmd + Right。跳转到有效的最后一帧。

10.2　创建 Animation 组件和动画剪辑

10.2.1　创建 Animation 组件

在每个节点上，都可以添加不同的组件。如果想在节点上创建动画，也必须为它新建一个 Animation 组件。创建的方法有两种。

（1）选中相应的节点，在【属性检查器】中单击右上方的【+】，或者下方的【添加组件】按钮，在其他组件中选择 Animation。

（2）打开【动画编辑器】，然后在【层级管理器】中选中需要添加动画的节点，在【动画编辑器】中单击【添加 Animation 组件】按钮，如图 10-3 所示。

图 10-3

10.2.2 创建与挂载动画剪辑

现在节点上已经有 Animation 组件了，但是还没有相应的动画剪辑数据 Clip 文件，动画剪辑 Clip 文件也有两种创建方式。

在【资源管理器】中单击左上方的【+】，或者右击空白区域，在弹出的快捷菜单中选择 Animation Clip 选项，这时会在管理器中创建一个名为"New AnimationClip"的剪辑文件。接着再次在【层级管理器】中选择添加了 Animation 组件的节点，在【属性检查器】中找到 Animation，这时候 Clips 显示的值是 0，将它改成 1。然后将在【资源管理器】中创建的"New AnimationClip"，拖入刚刚出现的 animation-clip 选择框内。

如果 Animation 组件中还没有添加动画剪辑文件，则可以在【动画编辑器】中直接单击【新建 Clip 文件】按钮，如图 10-4 所示。然后根据弹出的窗口创建一个新的动画剪辑文件。

图 10-4

至此，完成了动画制作之前的准备工作，下一步就是创建动画曲线了。

注意：如果选择覆盖已有的剪辑文件，被覆盖的文件内容会被清空。

10.2.3 剪辑内的数据

一个动画剪辑内可能包含了多个节点，每个节点上挂载多个动画属性，每个属性内的数据才是实际的关键帧。

10.2.4 节点数据

动画剪辑通过节点的名字定义数据的位置，本身忽略了根节点，其余的子节点通过与根节点的相对路径索引找到对应的数据。有时会在动画制作完成后，将节点重命名，这样会造成动画数据出现问题，如图 10-5 所示。

图 10-5

这时候要手动指定数据对应的节点。可以将鼠标指针移入节点，单击节点右侧出现的【更多】按钮，在其下拉菜单中选择【移动数据】选项。要注意的是，根节点名字是被忽略的，所以根节点名字是固定的，不能修改，并且一直显示在页面左侧。在图 10-5 中，New Node/test 节点没有数据，如果要将 /New Node/efx_flare 上的数据移到这里，方法如下。

（1）将鼠标指针移到丢失的节点 New Node/efx_flare 上。

（2）单击右侧出现的按钮。

（3）选择移动数据。

（4）将路径改为 /New Node/test，并按 Enter 键确认。

10.3　编辑动画序列

在节点上挂载了动画剪辑后，可以在动画剪辑中创建一些动画曲线。

动画属性包括了节点自有的 position、rotation 等属性，也包含了组件 Component 中自定义的属性。组件包含的属性前会加上组件的名字，比如 cc.Sprite.spriteFrame。如图 10-6 所示，position 就是属性轨道，轨道上的蓝色菱形就是关键帧。

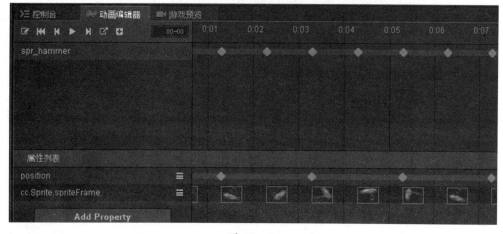

图 10-6

10.3.1 添加一个新的属性轨道

常规的添加属性轨道的方式是先选中节点，然后在属性区域右上角单击【+】按钮，弹出菜单会将可以添加的所有属性都罗列出来，选中想要添加的属性，就会对应新增一个轨道。

10.3.2 删除一个属性轨道

将光标移动到要删除的属性轨道上，右边会显示一个 ▤ 按钮，单击该按钮，在弹出菜单中选择【删除属性】命令，如图 10-7 所示，然后选中对应的属性就会将其从动画数据中删除。

图 10-7

10.3.3 添加关键帧

在属性列表中单击对应属性轨道右侧的 ▤ 按钮，在弹出的菜单中选择【插入关键帧】命令，如图 10-8 所示。

图 10-8

也可以在编辑模式下直接更改节点对应的属性轨道。例如，直接在【场景编辑器】中拖动当前选中的节点，position 属性轨道上就会在当前时间添加一个关键帧。需要注意的是，如果更改的属性轨道不存在，则会忽略此次操作。所以，如果想要修改后自动插入关键帧，需要预先创建好属性轨道。

10.3.4 选择关键帧

单击创建的关键帧后关键帧会呈现选中状态，此时关键帧由蓝变白。如果需要多选，可以按住 Ctrl 键再选择其他关键帧，或者直接在属性区域拖曳鼠标框选，如图 10-9 所示。

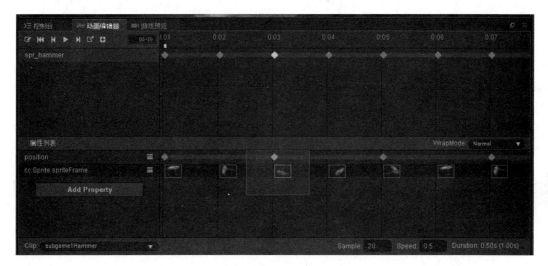

图 10-9

10.3.5 移动关键帧

将鼠标指针移动到任意一个被选中的关键帧上，按下鼠标左键并拖动，鼠标指针会变换成左右箭头状，这时候就可以拖曳所有被选中的关键帧了。

10.3.6 更改关键帧

在时间轴上选中需要修改的关键帧，直接在【属性检查器】内修改相对应的属性即可（确保动画编辑器处于编辑状态）。如属性列表中有 position、x、y 三个属性轨道，选中关键帧后，可以修改【属性检查器】中的 position、x、y 属性。或者在时间轴上选择一个没有关键帧的位置，然后在【属性检查器】中修改相对应的属性，便会自动插入一帧。

10.3.7 删除关键帧

选中关键帧后，单击对应属性轨道的 按钮，在弹出的菜单中选择【删除选中帧】命令，或按键盘上的 Delete 键，则所有被选中的节点都会被删除。

10.3.8 复制/粘贴关键帧

在【动画编辑器】内选中关键帧后，按 Ctrl＋C 组合键（Windows）或 Command＋C 组合键（Mac）复制当前关键帧。然后选中某一时间轴上的点，按 Ctrl＋V 组合键（Windows）或 Command＋V 组合键（Mac）会将复制的关键帧粘贴到选中的时间点上。

复制/粘贴关键帧注意事项：

（1）只选择了一个节点上的数据的时候，复制的帧直接粘贴到当前选中节点上。

（2）如果复制的是多个节点上的数据，则会把复制的节点的路径信息也粘贴到当前的 Clip 内。

（3）如果复制的节点在粘贴的节点树内不存在，则会显示为丢失的节点。

10.3.9 节点操作

动画是按照节点的名字来进行索引关联的，如果在【层级管理器】内改变了节点的层级关系，那么【动画编辑器】内的动画就会找不到当初指定对应的节点。这时候需要手动更改动画上节点的搜索路径，方法如下。

（1）将鼠标指针移动到要迁移的节点上，单击右侧出现的菜单按钮。

（2）在弹出的菜单中选择移动节点数据。

（3）修改节点的路径数据。

根节点的数据是不能改变的，但可以修改后续的节点路径。比如要将 /root/New Node 的帧动画移动到根节点上，可以将 New Node 删除，剩下 /root/ 然后按 Enter 键即可（/root/ 是无法修改的根节点路径）。再比如要将 /root 根节点上的动画数据移动到 /root/New Node 上，将路径改成 /root/New Node 即可。

10.4 编辑序列帧动画

本节介绍如何创建一个帧动画。

10.4.1 为节点新增 Sprite 组件

首先需要让节点正常显示纹理，所以需要为节点添加 Sprite 组件。在【层级管理器】中选中节点，然后单击【属性检查器】最下方的【添加组件】按钮，再选择【渲染组件】→ Sprite，即可添加 Sprite 组件到节点上。

10.4.2 在属性列表中添加 cc.Sprite.spriteFrame

节点可以正常显示纹理后，还需要为纹理创建一个动画轨道。在【动画编辑器】中单击 Add Property 按钮，然后选择 cc.Sprite.spriteFrame。

10.4.3　添加帧

在【资源管理器】中将纹理拖曳到属性帧区域，放在 cc.Sprite.spriteFrame 轨道上。再将下一帧需要显示的纹理拖到指定位置，如图 10-10 所示，然后单击【播放】按钮就可以预览刚刚创建的动画了。

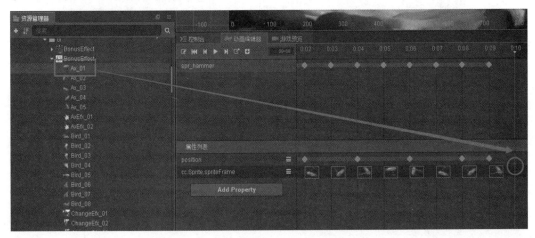

图 10-10

10.5　编辑时间曲线

创建好基本的动画后，就需要在两帧之间实现 Ease In Out 等缓动效果。

首先需要在一条轨道上创建两个不相等的关键帧。如在【动画编辑器】的 position 属性轨道上创建两个关键帧，位置坐标分别为（0,0）和（110,110）。这时，两个关键帧之间会出现一条蓝色的连接线，如图 10-11 所示。

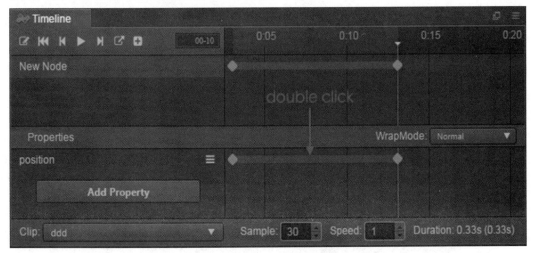

图 10-11

　　双击连接线，就可以打开【时间曲线编辑器】，然后在【时间曲线编辑器】内进行时间曲线编辑，如图 10-12 所示。

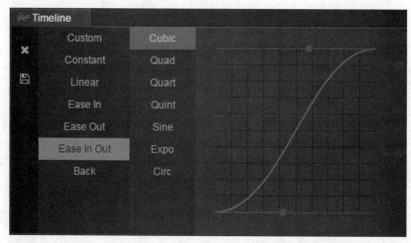

图 10-12

10.5.1　使用预设曲线

　　在【时间曲线编辑器】的左侧可以选择预设的各种效果，比如 Ease In 等。选中效果后，在效果列表的右侧会出现一些预设的参数，可以根据需求进行设置。

10.5.2　自定义曲线

　　如果预设的曲线效果不能满足动画需求，也可以手动修改曲线。

　　【时间曲线编辑器】右侧的预览图中有两个灰色的控制点，拖曳控制点即可更改曲线的轨迹。如果控制点需要拖出视野外，则可以使用鼠标滚轮或者右上角的小比例尺来缩放预览图，支持的比例为 0.1～1，如图 10-13 所示。

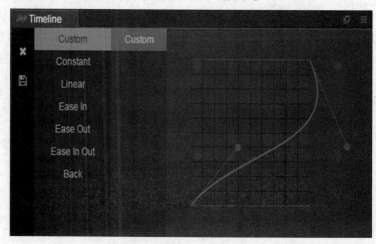

图 10-13

10.6　添加动画事件

在游戏中，经常需要在动画结束或者某一帧的特定时刻，执行一些函数方法。

10.6.1　添加事件

首先选中某个位置，然后单击按钮区域最左侧的按钮（add event），这时候在时间轴上会出现一个白色的矩形，这就是添加的事件，如图 10-14 所示。

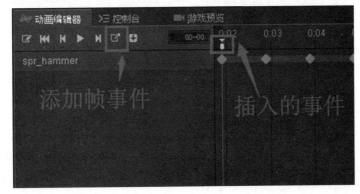

图 10-14

10.6.2　删除事件

双击刚刚出现的白色矩形，打开【事件编辑器】后单击 FUNCTION 后面的回收图标，如图 10-15 所示，会提示是否删除这个 event，单击【确认】按钮即可。

图 10-15

也可以在【动画编辑器】中右击 event，在弹出的快捷菜单中选择【删除】命令。

10.6.3　指定事件触发函数以及传入参数

双击图 10-14 中的白色矩形，打开【事件编辑器】，在编辑器内可以手动输入需要触发的 FUNCTION 名字，触发时会根据这个函数名，去各个组件内匹配相应的方法。

如果需要添加传入的参数，则在 Params 旁单击【+】或者【-】按钮，如图 10-16 所示，只支持 boolean、string、number 三种类型的参数。

图 10-16

10.7 使用脚本控制动画

10.7.1 Animation 组件

Animation 组件提供了一些常用的动画控制函数，如果只是需要简单地控制动画，可以通过获取节点的 Animation 组件来做一些操作。

1. 播放

```
var anim = this.getComponent(cc.Animation);
```

如果没有指定播放哪个动画，并且有设置 defaultClip 的话，则会播放 defaultClip 动画；

```
anim.play();
```

指定播放 test 动画：

```
anim.play('test');
```

指定从 1s 开始播放 test 动画：

```
anim.play('test', 1);
```

使用 play 接口播放一个动画时，如果还有其他动画正在播放，则会先停止其他动画：

```
anim.play('test2');
```

Animation 对一个动画进行播放的时候会判断这个动画之前的播放状态以进行下一步操作。如果动画处于：

（1）停止状态，则 Animation 会直接重新播放这个动画；

（2）暂停状态，则 Animation 会恢复动画的播放，并从当前时间继续播放下去；

（3）播放状态，则 Animation 会先停止这个动画，再重新播放动画。

```
var anim = this.getComponent(cc.Animation);
```

播放第一个动画：

```
anim.playAdditive('position-anim');
```

272

使用 playAdditive 播放动画时，不会停止其他动画的播放。如果还有其他动画正在播放，则同时会有多个动画进行播放：

```
anim.playAdditive('rotation-anim');
```

Animation 是支持同时播放多个动画的，播放不同的动画并不会影响其他动画的播放状态，这对于做一些复合动画比较有帮助。

2. 暂停 恢复 停止

```
var anim = this.getComponent(cc.Animation);
anim.play('test');
// 指定暂停 test 动画
anim.pause('test');
// 暂停所有动画
anim.pause();
// 指定恢复 test 动画
anim.resume('test');
// 恢复所有动画
anim.resume();
// 指定停止 test 动画
anim.stop('test');
// 停止所有动画
anim.stop();
```

暂停、恢复、停止三个函数的调用比较接近。

暂停会暂时停止动画的播放，当恢复动画的时候，动画会继续从当前时间往下播放。而停止则会终止动画的播放，再对这个动画进行播放的时候会重新从开始播放动画。

3. 设置动画的当前时间

```
var anim = this.getComponent(cc.Animation);
anim.play('test');
// 设置 test 动画的当前播放时间为 1s
anim.setCurrentTime(1, 'test');
// 设置所有动画的当前播放时间为 1s
anim.setCurrentTime(1);
```

可以在任何时候对动画设置当前时间，但是动画不会立刻根据设置的时间进行状态的更改，需要在下一个动画的 update 中根据这个时间重新计算播放状态。

10.7.2　AnimationState（动画状态）

Animation 只提供了一些简单的控制函数，希望得到更多的动画信息和控制的话，需要使用 AnimationState。

1. AnimationState 概述

如果说 AnimationClip 作为动画数据的承载，那么 AnimationState 则是 AnimationClip 在运行时的实例，它将动画数据解析为方便程序中作计算的数值。Animation 在播放一个 AnimationClip 的时候，会将 AnimationClip 解析成 AnimationState。Animation 的播放状态实际都是由 AnimationState 来计算的，包括动画是否循环、怎么循环、播放速度等。

2. 获取动画信息

```
var anim = this.getComponent(cc.Animation);
var animState = anim.play('test');
// 获取动画关联的 clip
var clip = animState.clip;
// 获取动画的名字
var name = animState.name;
// 获取动画的播放速度
var speed = animState.speed;
// 获取动画的播放总时长
var duration = animState.duration;
// 获取动画的播放时间
var time = animState.time;
// 获取动画的重复次数
var repeatCount = animState.repeatCount;
// 获取动画的循环模式
var wrapMode = animState.wrapMode
// 获取动画是否正在播放
var playing = animState.isPlaying;
// 获取动画是否已经暂停
var paused = animState.isPaused;
// 获取动画的帧率
var frameRate = animState.frameRate;
```

从 AnimationState 中可以获取到所有动画的信息，可以利用这些信息来判断需要做哪些事情。

3. 设置动画播放速度

```
var anim = this.getComponent(cc.Animation);
var animState = anim.play('test');
// 使动画播放速度加速
animState.speed = 2;
// 使动画播放速度减速
animState.speed = 0.5;
```

speed 值越大速度越快，值越小则速度越慢。

4. 设置动画循环模式与循环次数

```
var anim = this.getComponent(cc.Animation);
var animState = anim.play('test');
// 设置循环模式为 Normal
animState.wrapMode = cc.WrapMode.Normal;
```

```
// 设置循环模式为 Loop
animState.wrapMode = cc.WrapMode.Loop;
// 设置动画循环次数为 2 次
animState.repeatCount = 2;
// 设置动画循环次数为无限次
animState.repeatCount = Infinity;
```

AnimationState 允许动态设置循环模式，目前提供了多种循环模式，这些循环模式可以从 cc.WrapMode 中获取到。如果动画的循环类型为 Loop 类型，需要与 repeatCount 配合使用才能达到效果。默认在解析动画剪辑的时候，如果动画循环类型为：

（1）Loop 类型，repeatCount 将被设置为 Infinity，即无限循环；

（2）Normal 类型，repeatCount 将被设置为 1。

10.7.3　动画事件

1. 事件回调

动画事件的回调其实就是一个普通的函数，在【动画编辑器】里添加的帧事件会映射到动画根节点的组件上。

假设在动画的结尾添加了一个帧事件，如图 10-17 所示。

图 10-17

那么在脚本中可以这么写：

```
cc.Class({
    extends: cc.Component,
    onAnimCompleted: function (num, string) {
        console.log('onAnimCompleted: param1[%s], param2[%s]', num,
string);
    }
});
```

将组件加到动画的根节点上，当动画播放到结尾时，动画系统会自动调用脚本中的 **onAnimCompleted** 函数。动画系统会搜索动画根节点中的所有组件，如果组件中有实现动画事件中指定的函数，就会对它进行调用，并传入事件中填的参数。

2. 注册动画回调

除了【动画编辑器】中的帧事件提供了回调外，动画系统还提供了动态注册回调事件的方式。

目前支持的回调事件如下。

（1）play：开始播放时；

（2）stop：停止播放时；

（3）pause：暂停播放时；

（4）resume：恢复播放时；

（5）lastframe：假如动画循环次数大于 1，当动画播放到最后一帧时；

（6）finished：动画播放完成时。

当在 cc.Animation 注册了一个回调函数后，它会在播放一个动画时，对相应的 cc.AnimationState 注册这个回调，当 cc.AnimationState 停止播放时，对 cc.AnimationState 取消注册这个回调。

其实 cc.AnimationState 才是动画回调的发送方，如果希望对单个 cc.AnimationState 注册回调的话，那么可以获取到这个 cc.AnimationState，再单独对它进行注册。

例如：

```
var animation = this.node.getComponent(cc.Animation);
// 注册
animation.on('play', this.onPlay, this);
animation.on('stop', this.onStop, this);
animation.on('lastframe', this.onLastFrame, this);
animation.on('finished', this.onFinished, this);
animation.on('pause', this.onPause, this);
animation.on('resume', this.onResume, this);
// 取消注册
animation.off('play', this.onPlay, this);
animation.off('stop', this.onStop, this);
animation.off('lastframe', this.onLastFrame, this);
animation.off('finished', this.onFinished, this);
animation.off('pause', this.onPause, this);
animation.off('resume', this.onResume, this);
// 对单个 cc.AnimationState 注册回调
var anim1 = animation.getAnimationState('anim1');
anim1.on('lastframe', this.onLastFrame, this);
```

3. 动态创建 Animation Clip

```
var animation = this.node.getComponent(cc.Animation);
// frames 是一个 SpriteFrame 的数组
var clip = cc.AnimationClip.createWithSpriteFrames(frames, 17);
```

```
clip.name = "anim_run";
clip.wrapMode = cc.WrapMode.Loop;
// 添加帧事件
clip.events.push({
    frame: 1,      // 准确的时间，以秒为单位。这里表示将在动画播放到 1s 时
                   触发事件
  func: "frameEvent",    // 回调函数名称
  params: [1, "hello"]   // 回调参数
});
  animation.addClip(clip);
  animation.play('anim_run');
```

10.8　Animation（动画）组件参考

Animation(动画)组件可以以动画方式驱动所在节点和子节点上的节点和组件属性，包括用户自定义脚本中的属性，如图 10-18 所示。

图 10-18

单击【属性检查器】下面的【添加组件】按钮，然后从其他组件中选择 Animation，即可添加 Animation（动画）组件到节点上。

Animation 属性见表 10-1。

表 10-1　Animation 属性

属　性	功能说明
Default Clip	默认的动画剪辑，如果这一项设置了值，并且 Play On Load 也为 true，那么动画会在加载完成后自动播放 Default Clip 的内容
Clips	列表类型，默认为空，在这里面添加的 AnimationClip 会反映到【动画编辑器】中，用户可以在【动画编辑器】里编辑 Clips 的内容
Play On Load	布尔类型，是否在动画加载完成后自动播放 Default Clip 的内容

如果一个动画需要包含多个节点，那么一般会新建一个节点来作为动画的根节点，将 Animation （动画）组件添加到这个根节点上，然后这个根节点下的其他子节点都会自动进入到这个动画中。

假如添加了图 10-19 所示的节点树。

图 10-19

那么【动画编辑器】中的层级就会如图 10-20 所示。

图 10-20

10.9　本章小结

本章介绍了 Cocos Creator 的动画系统，除了标准的位移、旋转、缩放动画和序列帧动画以外，这套动画系统还支持任意组件属性和用户自定义属性的驱动，再加上可任意编辑的时间曲线和创新的移动轨迹编辑功能，能够让内容生产人员不写一行代码就制作出细腻的各种动态效果。详细地介绍了如何创建 Animation 组件和动画剪辑、编辑动画曲线、编辑序列帧动画、编辑时间曲线、添加动画事件以及使用脚本控制动画等。通过对本章内容的学习，相信大家可以制作属于自己游戏中的精美动画了。

第 11 章 音乐与音效

在玩游戏时，视觉、触觉与听觉是玩家与游戏互动的 3 种形式，每一种形式都是十分重要的。实际上，在游戏中实现一套优质的音乐与音效远比制作漂亮的画面简单得多。只需要开发者完成很少的工作量，就能把游戏的互动效果提高一个层次。

在游戏中，把声音分为两类。第一类是音乐，这种类型的声音通常较长，适合作为环境音乐（例如游戏的背景音乐）。由于它的长度较长，同一时刻通常只能播放一首音乐。第二类是音效，它的特点是很短，可以同时播放多个音效，拥有很强的表现力。

Cocos Creator 提供了对音乐与音效的支持，能够十分方便地实现音乐与音效的播放、暂停和循环功能。本章将介绍 Cocos Creator 如何为游戏添加音乐与音效。

11.1 音频播放

11.1.1 使用 AudioSource 组件播放

（1）在【层级管理器】上创建一个空节点。

（2）选中空节点，在【属性检查器】最下方单击【添加组件】→【其他组件】→ AudioSource，添加 AudioSource 组件。

（3）将【资源管理器】中所需的音频资源拖曳到 AudioSource 组件的 Clip 中，如图 11-1 所示。

图 11-1

（4）根据需要对 AudioSource 组件的其他参数进行设置。

（5）如果只需要在游戏加载完成后自动播放音频，那么选中 AudioSource 组件的 Play On Load 复选框即可。如果要更灵活控制 AudioSource 的播放，可以在自定义脚本中获取 AudioSource 组件，然后调用相应的 API，代码如下：

```
// AudioSourceControl.js
cc.Class({
    extends: cc.Component,
    properties: {
        audioSource: {
            type: cc.AudioSource,
            default: null
        },
    },
    play: function () {
        this.audioSource.play();
    },
    pause: function () {
        this.audioSource.pause();
    },
});
```

（6）在编辑器的【属性检查器】中添加对应的用户脚本组件。选择相对应的节点，在【属性检查器】最下方单击【添加组件】→【用户脚本组件】→【用户脚本】，即可添加脚本组件。然后将带有 AudioSource 组件的节点拖曳到脚本组件中的 Audio Source 上，如图 11-2 所示。

图 11-2

11.1.2 使用 AudioEngine 播放

AudioEngine 与 AudioSource 都能播放音频，它们的区别在于 AudioSource 是组件，可以添加到场景中，由编辑器设置。而 AudioEngine 是引擎提供的纯 API，只能在脚本中调用。

（1）在脚本的 properties 中定义一个 AudioClip 资源对象。

（2）直接使用 cc.audioEngine.play(audio, loop, volume); 播放，代码如下：

```
// AudioEngine.js
cc.Class({
    extends: cc.Component,

    properties: {
```

```
    audio: {
        default: null,
        type: cc.AudioClip
    }
},

onLoad: function () {
    this.current = cc.audioEngine.play(this.audio, false, 1);
},

onDestroy: function () {
    cc.audioEngine.stop(this.current);
}
});
```

目前建议使用 audioEngine.play 接口来统一播放音频，或者使用 audioEngine.playEffect 和 audioEngine.playMusic 这两个接口，前者主要是用于播放音效，后者主要是用于播放背景音乐，具体可查看 API 文档。

AudioEngine 播放的时候，需要注意这里传入的是一个完整的 AudioClip 对象（而不是 url），所以不建议在 play 接口内直接填写音频的 url 地址，而是在脚本的 properties 中先定义一个 AudioClip 对象，然后在编辑器的【属性检查器】中添加对应的用户脚本组件，将音频资源拖曳到脚本组件的 audio-clip 上，如图 11-3 所示。

图 11-3

注意：如果与音频播放相关的设置都完成后，在部分浏览器上预览或者运行时仍听不到声音，那可能是由于浏览器兼容性导致的问题。例如，Chrome 禁用了 Web Audio 的自动播放，而音频默认是使用 Web Audio 的方式加载并播放的，此时就需要在【资源管理器】中选中音频资源，然后在【属性检查器】中将音频的加载模式修改为 DOM Audio，才能在浏览器上正常播放，如图 11-4 所示。

图 11-4

11.2　AudioSource 组件参考

AudioSource 组件的界面如图 11-5 所示。属性说明见表 11-1。

图 11-5

表 11-1　AudioSource 组件的属性

属　　性	说　　明
Clip	用来播放的音频资源对象
Volume	音量大小，范围为 0~1
Mute	是否静音
Loop	是否循环播放
Play On Load	是否在组件激活后自动播放音频
Preload	是否在未播放的时候预先加载

11.3　音频兼容性说明

11.3.1　DOM Audio

一般的浏览器都支持 Audio 标签的方式播放音频。引擎内的 DOM Audio 模式通过创建 Audio 标签来播放一系列的声音。但是在某些浏览器上可能会出现下列情况：

（1）部分移动浏览器内，Audio 的回调缺失，会导致加载时间偏长，所以推荐使用 WebAudio；

（2）iOS 系统上的浏览器，必须是用户主动操作的事件触发函数内，才能够播放这类型的音频，使用 JavaScript 主动播放可能会被忽略。

11.3.2　WebAudio

WebAudio 的兼容性比 DOM 模式好很多，不过也有一些特殊情况。

iOS 系统上的浏览器，默认 WebAudio 时间轴是不会前进的，只有在用户第一次触摸并播放音频之后，时间轴才会启动，也就是说页面启动并播放背景音乐可能做不到。最好的处理方式就是引导用户单击屏幕，然后播放声音。

11.3.3　iOS WeChat 自动播放音频

WeChat（微信）内加载 js sdk 之后，会有一个事件 WeixinJSBridgeReady，在这个事件内也是可以主动播放音频的。所以如果需要启动立即播放背景音乐，可以这么写：

```
document.addEventListener('WeixinJSBridgeReady', function () {
    cc.loader.loadRes('audio/music_logo', (err, audioClip) => {
        var audioSource = this.addComponent(cc.AudioSource);
        audioSource.clip = audioClip;
        audioSource.play();
    });
});
```

在引擎启动之后，使用其他方式播放音频的时候停止这个音频的播放。

11.4　本章小结

在这一章中，我们学习了 Cocos Creator 提供的音频组件 AudioSource。我们还可以通过纯代码的方式 cc.audioEngine 进行音频的播放和暂停。如开发的游戏非原生游戏（非 Android 或 iOS，如 H5、微信小游戏），需要注意 DOM Audio 和 WebAudio 音频格式的兼容性。

第 12 章　益智猜杯子游戏

截至目前，大家已经对 Cocos Creator 的相关知识有所了解，然而学习这些基础知识并灵活运用这些知识开发出好的游戏项目才是我们使用 Cocos Creator 引擎的目的。本部分将通过游戏实例进一步介绍 Cocos Creator 在游戏开发中的应用。通过游戏项目的学习，相信大家会对 Cocos Creator 和游戏开发有更深入的认识。

12.1　益智猜杯子游戏的特点

通过本章的学习，可以掌握引擎的相关技术和流程处理。

该游戏具有如下特点。

（1）场景搭建。场景的搭建关系到游戏代码的编写，甚至游戏资源的管理。

（2）多分辨率适配。如何适应多种手机分辨率有多种方案，如 Canvas 配合 Widget 等方案。

（3）精灵（Sprite）。精灵的各种模式如何使用。

（4）动作（Action）。使用动作（Action）系统实现游戏元素的运动、游戏流程的控制。

12.2　益智猜杯子游戏简介

本游戏的背景中使用了龙骨动画，使背景颜色更加绚丽多彩。

12.2.1　益智猜杯子游戏规则

游戏开始之前告诉玩家每个杯子中的中奖倍数，然后将杯子扣住并随机移动，玩家从 5 个杯子中选择一个杯子，杯子中的倍数就是玩家获得对应的奖励。玩法非常简单，猜中之后可以重新玩一次。

12.2.2　益智猜杯子游戏框架和界面

本游戏界面和流程比较简单，包括背景图片、龙骨背景动画、5 个杯子，以及对应的 Label、结算框等。

主游戏界面是游戏的主要功能界面，包括游戏的主逻辑（杯子的下落动画、打乱次序的移动动画、开奖过程等），如图 12-1 所示。

图 12-1

玩家选择某个杯子之后，会弹出一个结算框，告诉玩家中奖结果，如图 12-2 所示。

图 12-2

12.3　益智猜杯子游戏模块的实现

Cocos Creator 提供了一套完整的从场景搭建到创建节点和组件的系统，无论是游戏界面还是游戏内部逻辑，都可以使用这套系统来实现。比如，可以以 Canvas 为基础容器，在场景中放置游戏根节点 safe_node，在根节点 safe_node 中加入按钮和精灵等子节点，这就构成了基础的游戏界面。

本节将介绍创建游戏工程、游戏的目录规划、资源导入、场景搭建、游戏逻辑 JavaScript 编写、游戏的运行和调试等。

12.3.1　创建工程

双击 Cocos Creator 图标，打开 Dashboard 面板，再单击新建项目 Tab，选择空白项目，选择相应的项目路径和项目名称（路径的最后一部分就是项目文件夹名称），然后单击【新建项目】按钮，如图 12-3 所示。

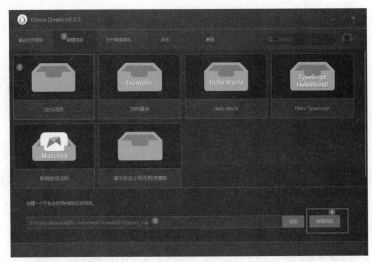

图 12-3

12.3.2 目录规划

游戏工程创建好之后，需要规划好目录。一个好的游戏项目，需要有完善的目录结构规划，通常情况下，要将脚本、图片、音频、动画、场景、艺术字体等资源进行分开保存，所以将目录结构规划为 script、images、audio、anim、scene、font 等，创建好的目录结构如图 12-4 所示。

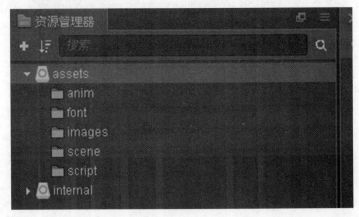

图 12-4

12.3.3 资源导入

巧妇难为无米之炊，设计一款好的游戏离不开资源，如图片、骨骼动画、音频、艺术字体 fnt 等。本游戏需要用到一些零散的图片，和使用 TP 工具打包好的合图图片资源，以及一些龙骨动画资源，通常这些资源都是美术部门制作好之后交给程序部门，所以只要导入这些资源，不必过多地考虑这些资源是如何制作的。

图片资源通常使用 png 格式，这种资源有较好的透明度，可以更好地满足游戏设计。

散图资源如图 12-5 所示。

confirm.png

cup_bei.png

roulette_reward.png

game_menu_bg.png

图 12-5

合图资源如图 12-6 所示。

cup_game.plist

cup_game.png

图 12-6

艺术字体文件如图 12-7 所示。

倍0123456789=X

图 12-7

骨骼动画文件如图 12-8 所示。

图 12-8

　　将散图、合图等图片资源复制或拖动到 images 目录中，将艺术字体文件复制或拖动到 font 目录中（fnt 和 png 文件最好在同一个目录中），将骨骼动画文件复制或拖动到 anim 目录中（两个 json 和 png 文件最好在同一个目录中）。导入相关资源的目录结构如图 12-9 所示。

图 12-9

12.3.4 搭建场景

通常设计游戏的时候，由美术部门设计图片、动画文件，与程序开发部门是同时进行的，如果美术部门没有及时给程序开发部门提供相关的资源，程序开发部门一般都是先使用临时资源进行代替，先搭建场景和编写相关的游戏逻辑，等美术部门设计好相关的图片之后，再替换图片，微调游戏的位置、大小、角度等参数。游戏场景是游戏开发中重要的资源，所以搭建时要先和美术部门进行沟通，确定资源的使用方式，避免徒劳工作。如有些动画可以使用美术部门制作的骨骼动画或 Creator 自己的动画，也可以通过编程方式的 Action 系统完成，不同的是美术部门制作的动画美感比较好，编程需要复杂的代码控制，所以及时和美术部门沟通很有必要。

（1）本游戏采用的设计分辨率为 1280×720，所以场景中的 Canvas 根节点设置如图 12-10 所示。

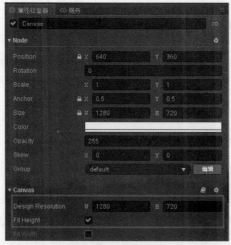

图 12-10

（2）创建好了工程之后，引擎会自动打开一个场景，包含了 Canvas 和 Main Camera 节点，按下快捷键 Ctrl+S 保存整个场景到创建的 scene 目录中，并给场景起名为 guess_cup，如图 12-11 所示。

图 12-11

（3）创建 sale-node 容器节点。选择 Canvas 节点，创建空节点，修改节点名称为 safe_node，修改大小为 1280×720，如图 12-12 所示。

图 12-12

safe_node 节点创建好之后，后续会通过代码的方式进行多分辨率的适配。本游戏所有的渲染节点都将作为 safe_node 节点的子节点。

（4）添加背景图片和背景动画。在【层级管理器】中创建背景图片和桌子图片，命名为 spr_bg 和 spr_table。

①创建背景图片。在 safe_node 节点上右击，再执行【创建节点】→【创建渲染节点】→【Sprite（精灵）】菜单命令，如图 12-13 所示。

图 12-13

②修改节点名称为 spr_bg，在【资源管理器】中将 cup_game.plist 中的 cup_bg 图片拖曳到 spr_bg 节点 Sprite 组件的 Sprite Frame 区域，修改图片，如图 12-14 所示。

图 12-14

③用同样的方式创建 spr_table 节点，并修改渲染图片为 cup_table，同时修改 Position 坐标为（0，-147）。

注意，【层级管理器】中 spr_bg 节点需要在 spr_table 节点之上，这样就可以控制桌子图片在背景图片的上方显示了，如图 12-15 所示。

图 12-15

④创建背景动画。这里提供了两组龙骨动画文件，选中 FBZ_texiao_ske 动画文件，直接将其拖到【层级管理器】中，从上到下分别命名为 dragon_effect_title 和 dragon_effect_bottom，这样就完成了龙骨动画的创建。接着拖动 FBZ_texiao_tex.json 资源到 Dragon Atlas Asset 区域，完成赋值。dragon_effect_title 中的 Animation 选择 FBX_texiao，dragon_effect_bottom 中的 Animation 选择 FBX_texiao_01。dragon_effect_bottom 相关参数设置如图 12-16 所示。

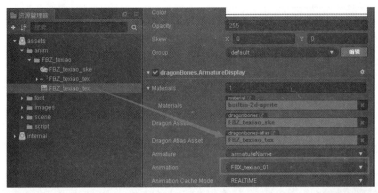

图 12-16

（5）添加杯子节点。本游戏的核心是 5 个杯子，由于 5 个杯子是一样的，所以只要创建好一个杯子，然后复制就可以轻松完成。

首先需要将杯子进行分析拆解。一组杯子分为阴影图片 shadow.png、光图片 guang.png、奖励黄色背景 BEISSHS.png、中奖提示 Label、杯子高光 cup_light.png 和杯子 cup 图片等，如图 12-17 所示。根据效果图进行结构设计，如图 12-18 所示。

图 12-17

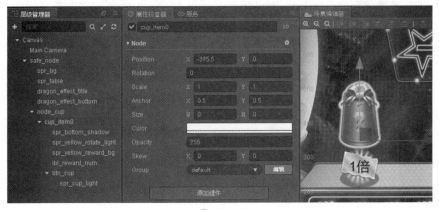

图 12-18

相关节点的参数修改如下。

① node_cup。Size 修改为 1280×720。

② cup_item0。Position 修改为（-400,0）。

③ spr_bottom_shadow。Postion 修改为（0,-112），SpriteFrame 使用 shadow 图片。

④ spr_yellow_rotate_light。Postion 修改为（0,-75），SpriteFrame 使用 guang 图片。

⑤ spr_yellow_reward_bg。Postion 改为（0,-72），SpriteFrame 使用 BEISSHS 图片。

⑥ lbl_reward_num。Postion 修改为（0,-74），Label 的 String 字段修改为"1 倍"，Color 颜色改为黑色（0,0,0,255）。

⑦ btn_cup。Postion 修改为（0,76.5），SpriteFrame 使用 cup 图片，Button 的 target 修改为指向自己的 btn_cup，Transition 修改为 SCALE，Zoom Scale 修改为 0.95。注意默认创建的 Button 节点需要经过修改，删除所有子节点，并为 btn_cup 节点增加一个 Sprite 组件。

⑧ btn_cup/spr_cup_light。SpriteFrame 使用 cup_light 图片，并作为 btn_cup 节点的子节点，因为黄色的高光效果需要和杯子图片一起移动，所以选择 btn_cup 作为父节点。

经过上面的步骤，就创建了一个杯子，然后通过复制粘贴的方式创建其他 4 个杯子。先选中 cup_item0 节点，然后按下快捷键 Ctrl + D 实现节点复制（或者在 cup_item0 节点上右击，在弹出的快捷菜单中选择【复制节点】），粘贴 4 次，最后将复制的节点依次重新命名为 cup_item1、cup_item2、cup_item3、cup_item4，依次修改坐标。

- cup_item1。Position 修改为（-200,0），并修改子节点 lbl_reward_num 的值为"5 倍"。
- cup_item2。Position 修改为（0,0），并修改子节点 lbl_reward_num 的值为"10 倍"。
- cup_item3。Position 修改为（200,0），并修改子节点 lbl_reward_num 的值为"5 倍"。
- cup_item4。Position 修改为（400,0），并修改子节点 lbl_reward_num 的值为"1 倍"。

坐标可以通过选择节点的红色箭头向右依次拖动来完成，不过精度不好把控。修改之后的效果如图 12-19 所示。

图 12-19

（6）游戏结算框。游戏结算框用于在玩家选择杯子之后，总结玩家本局的结果。通常用一个弹框在屏幕中央显示，如图 12-20 所示。

图 12-20

结算框的节点树结构如图 12-21 所示。

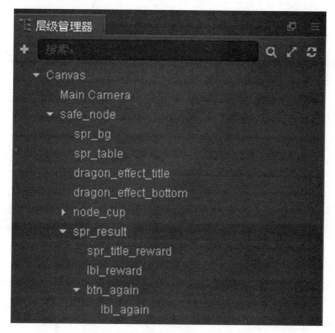

图 12-21

相关参数设置如下：

① spr_result。Size 为（630,450），SpriteFrame 使用 game_menu_bg 图片。

② spr_title_reward。坐标为 Position (0,190)，SpriteFrame 使用 roulette_reward 图片。

③ lbl_reward。Label 组件的 String 改为"10 倍"，Font Size 为 50，字体使用 roulette_num 文件，Overflow 选择 Shrink（这样就可以自己指定大小了），节点的 Size 大小为 (600,120)。

④ btn_again。添加 Sprite，Sprite Frame 指向 confirm 图片，Size 大小为（240,80）。

⑤ lbl_again。Label 组件，修改 String 为"再来一次"，Font Size 为 40。

效果如图 12-22 所示。

图 12-22

此时，结算框背景的 4 个边角拉伸比较明显，不美观，因为没有使用图片的九宫格形式，所以修改图片 spr_result 节点中 Sprite 组件的 Type 类型为 SLICED，再单击 Sprite Frame 右侧的【编辑】按钮打开九宫格配置，如图 12-23 所示。

图 12-23

根据实际情况修改边缘大概为 23，如图 12-24 所示。

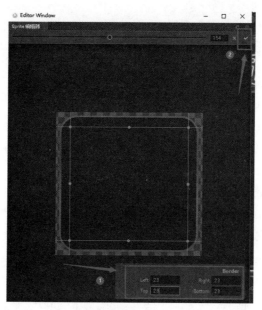

图 12-24

修改之后，可以看到结算框背景图 4 个边角变得美观了，如图 12-25 所示。

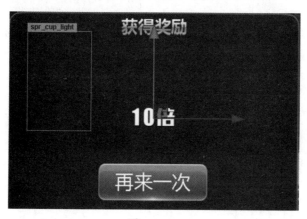

图 12-25

（7）游戏逻辑。场景搭建好之后，就可以编写逻辑代码来驱动游戏流程的运行。

在 script 目录上右击，创建一个 JavaScript 脚本，命名为 guess_cup_logic，并挂接到 Canvas 节点上。

游戏中需要得到一些节点的引用，第一种方案是通过定义 properties 属性，然后通过鼠标拖动的方式进行赋值，第二种是通过 cc.find 的方式进行赋值。本例选择第二种方式进行赋值，因为这种方式可以有效地避免计算机系统崩溃导致文件未及时保存而出现丢失节点之间的引用关系等问题。下面讲解一些关键代码，完整的代码大家可以参考本书提供的源码工程案例。

首先定义一些关键的变量，变量的命名规则最好使用下划线开始，这样就定义了私有变量，防止被外部修改。

```
cc.Class({
    extends: cc.Component,
    properties: {
        _safe_node: cc.Node,               // 小游戏 Node 节点
        _arr_cup_item: [],                 // 5 个杯子
        _arr_cup_origin_pos: [],           // 5 个原始位置，复位的时候用到
        _arr_lbl_num: [],                  // 5 个筹码对应的奖励金
        _arr_btn_cup: [],                  // 5 个按键
        _spr_result: cc.Node,              // 结算界面
        _btn_again: cc.Node,               // 重新开始
        _lbl_reward: cc.Node,              // 结算框中奖数组 Label

        //
        _str_bei: "倍",                    // 倍字
        _resultIndex: 0,                   // 奖金池索引
        _rate: 0,                          // 赢得的金币
        _arrCupData: [],                   // 1 行 5 列数组
        _selectCupID: -1,                  // 记录用户选中的杯子 ID
        _shuffleCount: 12,                 // 洗牌次数
        _CUP_TOP_Y: 76.5,
        _CUP_BOTTOM_Y: -40,
    },
    onLoad() {
        this.initPrivateVar();
    },
}
```

定义了变量之后，在 onLoad 生命周期函数中通过 cc.find 依次初始化。

```
// 初始化私有变量
initPrivateVar: function () {
    this._safe_node = cc.find("safe_node", this.node);
    this.setNodeScaleFixWin(this._safe_node);

    this._spr_result = cc.find("spr_result", this._safe_node);
    this._btn_again = cc.find("btn_again", this._spr_result);
    this._btn_again.on("click", this.onClickAgain, this);

    this._lbl_reward = cc.find("lbl_reward", this._spr_result);
```

```
    this._arr_cup_item = [];
    for (let i = 0; i < 5; i++) {
        this._arr_cup_item[i] = cc.find("node_cup/cup_item" + i, this._
safe_node);
    }
    this._arr_cup_origin_pos = [];
    for (let i = 0; i < 5; i++) {
            this._arr_cup_origin_pos[i] = this._arr_cup_item[i].position;
    }
    this._arr_lbl_num = [];
    for (let i = 0; i < 5; i++) {
        this._arr_lbl_num[i] = cc.find("lbl_reward_num", this._arr_cup_
item[i]);
    }
    this._arr_btn_cup = [];
    for (let i = 0; i < 5; i++) {
    this._arr_btn_cup[i] = cc.find("btn_cup", this._arr_cup_item[i]);
    this._arr_btn_cup[i].mytag = i;    // mytag 记录这个杯子所在的位置 [0,4]
    this._arr_btn_cup[i].on("click", this.onClickGuessCup, this);
    }
},


    // 屏幕适配缩放函数
    setNodeScaleFixWin(node) {
        node.scaleX = cc.winSize.width / node.width;
        node.scaleY = cc.winSize.height / node.height;
    },


    // 产生 [min,max] 之间的正整数
    myRandom (min,max) {
        return Math.floor(Math.random()*(max-min+1)+min);
    },
```

本游戏通过函数 this.setNodeScaleFixWin(this._safe_node) 来整体缩放 safe_node 节点，所以将所有的渲染节点作为 safe_node 节点的子节点就可以达到整体缩放的效果了。

得到了游戏中使用的相关节点引用之后，就可以开始主游戏逻辑了。

修改 onLoad 函数，增加一个 startGame 函数。

```
    cc.Class({
        onLoad() {
            this.initPrivateVar();
          this.startGame();
         },
    // 开始游戏逻辑
    startGame() {
        this._spr_result.active = false;
        this._shuffleCount = this.myRandom(10, 15);        // 洗牌次数
        this._arrCupData = [1, 5, 10, 5, 1];               // 中奖倍数
        for (let i = 0; i < this._arr_lbl_num.length; i++) {
            this._arr_lbl_num[i].getComponent(cc.Label).string = this._
arrCupData[i] + this._str_bei;
        }

        // 等待动画完成后才使能
        this.enableBtnCup(false);

        // 翻开所有的杯子
        for (let i = 0; i < 5; i++) {
            this._arr_btn_cup.positionY = this._CUP_TOP_Y;
        }

        // 停留 2.0s 后扣住杯子
        let delay = cc.delayTime(2.0);
        let delayCall = cc.callFunc(function () {
            this.doCoverCupAction();
        }, this);

        this.node.runAction(cc.sequence(delay, delayCall));
    },

    // 控制杯子 cup 按键是否可以被单击
    enableBtnCup: function (bEnableBtn) {
        bEnableBtn = !!bEnableBtn;
        for (let i = 0; i < this._arr_btn_cup.length; i++) {
            this._arr_btn_cup[i].getComponent(cc.Button).interactable =
```

bEnableBtn;

```
      }
  },
  }
```

startGame 函数初始化一些数据，如杯子洗牌的次数、每个杯子的初始倍数，禁用相关的被抓 Button，通过 cc.sequence + cc.delay + cc.callFunc 函数实现延时运行某个函数，这里通过延时 2s 后开始执行扣杯子动画。

扣杯子是通过 doCoverCupAction 函数执行的，通过 cc.sequence + cc.moveTo 实现。

```
// 下落动画 this._arr_btn_cup _CUP_BOTTOM_Y
doCoverCupAction () {
    let seqLuckArray = [];

    let duration = 0.3;
    for (let i = 0; i < 5; i++) {
      let xx = this._arr_btn_cup[i].x;
        let moveToBottomAction = cc.moveTo(duration, xx, this._CUP_
BOTTOM_Y);
        this._arr_btn_cup[i].runAction(moveToBottomAction.easing(cc.
easeIn(6.5)));
    }

    seqLuckArray.push(cc.delayTime(duration + 0.5));        // 再多延时 0.5s

    let endCall = cc.callFunc(function () {
      // 开始打乱顺序
      this.doUpsetOrder01();
    }, this);
    seqLuckArray.push(endCall);

    let seq = cc.sequence(seqLuckArray);
    this.node.runAction(seq);
  },
```

杯子扣住之后，开始执行所有的杯子都移动到中间的动画。

```
// 打乱顺序动画，交换杯子的动画效果
// 合并到中间
doUpsetOrder01 () {
    let seqLuckArray = [];
```

```
    let duration = 0.35;
    // this._arr_cup_item
    // 先合并到中间，然后散开，最后制作交换动画
    let centerIndex = 2;
    for (let i = 0; i < 5; i++) {
      let xx = this._arr_cup_item[centerIndex].x;
      let yy = this._arr_cup_item[centerIndex].y;
      let moveToCenter = cc.moveTo(duration, xx, yy);
      this._arr_cup_item[i].runAction(moveToCenter.easing(cc.
easeIn(2.5)));
    }

    seqLuckArray.push(cc.delayTime(duration + 0.025));

    let endCall = cc.callFunc(function () {
      this.doUpsetOrder02();
    }, this);

    seqLuckArray.push(endCall);

    let seq = cc.sequence(seqLuckArray);
    this.node.runAction(seq);
  },
```

杯子移动到中间之后，开始随机地运动到不同的位置，这也是本游戏的趣味所在。

```
//02 从中散开
doUpsetOrder02 () {
    let seqLuckArray = [];

    let duration = 0.35;

    // 散开动画，其中 i 表示位置的下标
    let arrPosIndex = [];
    for (let i = 0; i < 5; i++) {
      arrPosIndex.push(i);
    }
    arrPosIndex = this.shuffleData(arrPosIndex);
```

```
// 打乱顺序 this._arr_cup_origin_pos
for (let i = 0; i < 5; i++) {
  let newIndex = arrPosIndex[i];
  let newPos = this._arr_cup_origin_pos[newIndex];
  let move = cc.moveTo(duration, newPos);
  this._arr_cup_item[i].runAction(move.easing(cc.easeIn(2.5)));
}

seqLuckArray.push(cc.delayTime(duration + 0.025));

let endCall = cc.callFunc(function () {
  this._shuffleCount--;
  if (this._shuffleCount <= 0) {
      this.enableBtnCup(true);                    // 使能按键
  } else {
      this.doUpsetOrder02();
  }
}, this);

seqLuckArray.push(endCall);

let seq = cc.sequence(seqLuckArray);
this.node.runAction(seq);
},

// 打乱数组顺序
shuffleData (arrData) {
  let m = arrData.length;
  while (m) {
      let i = (Math.random() * m--) >>> 0;
      //ES6 语法，交换数组元素
      [arrData[m], arrData[i]] = [arrData[i], arrData[m]];
  }
  return arrData;
},
```

到目前位置，杯子已经完全打乱了顺序，等待玩家选择一个杯子后开始开奖公告。

```
shuffleData (arrData) {
    let m = arrData.length;
    while (m) {
            let i = (Math.random() * m--) >>> 0;
            //ES6 语法，交换数组元素
            [arrData[m], arrData[i]] = [arrData[i], arrData[m]];
    }
    return arrData;
},


// 玩家选择了某个杯子----
onClickGuessCup (event, customData) {
    this.enableBtnCup(false);
    let buttonNode = event.target;

    this._selectCupID = buttonNode.mytag;
    this._rate = this._arrCupData[this._selectCupID];
    //[开奖操作]
    this.doOpenCupAction();
},


//[开奖操作] 翻开杯子的动画
doOpenCupAction () {
    let seqLuckArray = [];
    // 只翻开一个被单击的
    let duration = 0.3;
    let xx = this._arr_btn_cup[this._selectCupID].x;
    let moveToTopAction = cc.moveTo(duration, xx, this._CUP_TOP_Y);
    this._arr_btn_cup[this._selectCupID].runAction(moveToTopAction.
easing(cc.easeOut(6.5)));

    seqLuckArray.push(cc.delayTime(duration + 2));    // 停留 2s 之后显示结果

    let endCall = cc.callFunc(function () {
        this.enableBtnCup(false);                    // 关闭按键
```

```
    this.showResult();                            // 显示结算框
}, this);

seqLuckArray.push(endCall);

let seq = cc.sequence(seqLuckArray);
this.node.runAction(seq);
},
```

开奖结果出现之后，就可以显示结算面板了，根据玩家得到的值，给 lbl_reward 变量赋相关的值 this._rate。

```
// 显示结算面板
showResult () {
    this._spr_result.active = true;
    this._lbl_reward.getComponent(cc.Label).string = this._rate + "倍";
},
```

游戏运行效果如图 12-26 所示。

图 12-26

最后，来实现“再来一次”这个功能。
```
// 重新开始游戏
    onClickAgain () {
        this.resetGame();
        this.startGame();
```

```
    },

    resetGame() {
        this._spr_result.active = false;

        // 位置复位
        for (let i = 0; i < 5; i++) {
this._arr_cup_item[i].position = this._arr_cup_origin_pos[i];
this._arr_btn_cup[i].y = this._CUP_TOP_Y;
        }

        this.enableBtnCup(false);

        this._rate = 0;
        this._lbl_reward.getComponent(cc.Label).string = "0";
        this._selectCupID = -1;
        this.node.stopAllActions();
    },
```

12.4　本章小结

本章介绍了一款简单的益智类猜杯子游戏的实现过程。通过本章，读者可学习采用 Cocos Creator 基本知识实现游戏功能的方法，可以自己实现相关的功能并进一步修改。

第 13 章　游戏摇杆

本章将通过游戏实例进一步介绍 Cocos Creator 在游戏摇杆的应用。相信通过本章的学习，你会了解三角函数在游戏中的应用，以及类似 RPG 游戏摇杆的实现过程。

13.1　游戏摇杆的特点

在手机游戏中，在不使用外设的情况下，虚拟摇杆是 ARPG、 MOBA、 ACT 等快节奏战斗游戏中标配的操作方案。如目前非常流行的《王者荣耀》中就使用了游戏摇杆，左手控制方向，右手控制输出。这是传统主机玩家最熟悉的操作方法，也是开发者最熟悉的方法，是触屏时代伟大的发明。虚拟摇杆是易懂、通用的设计，能兼容最复杂的操作设计。

本章的游戏摇杆具有如下特点。

（1）数学知识。三角函数和几何数学知识的运用，如反正切函数、弧度和角度的转换、相似三角形对应边成比例等。

（2）触摸事件。为精灵 Sprite 添加触摸事件，如触摸移动、触摸抬起等事件的注册和处理。

（3）坐标转换。Cocos Creator 中转换坐标的使用。

（4）摇杆控制物体。使用摇杆控制物体的移动和旋转等常用操作。

13.2　游戏摇杆的简介

游戏摇杆通常由摇杆背景图和中间的摇杆两部分组成，放在手机屏幕的左下角，如图 13-1 所示。

13.2.1　游戏摇杆的规则

玩家手指按住中间的摇杆图片，可以 360° 旋转操作摇杆，但是中间的摇杆不能超出背景图外围圆圈太大，这就需要通过相应的数学知识来加以限制和约束。摇杆是一个公共的游戏模块，

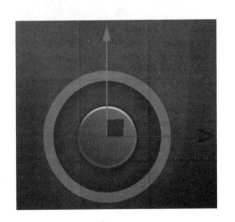

图 13-1

所以需要输出几个参数为其他的游戏模块使用，如方向、角度等，这样其他模块就可以跟进玩家的操作，进行相应的移动和旋转了。当玩家松开手指的时候，摇杆要自动地回

到原始的中央位置。

13.2.2 游戏摇杆、游戏框架和界面

本游戏界面和流程比较简单，包括背景图片、被操作的 Player 对象（可旋转和移动）、摇杆模块等。其中模块有两个重要的组成部分，摇杆背景和中央的摇杆。游戏摇杆模块的主要操作界面如图 13-2 所示。

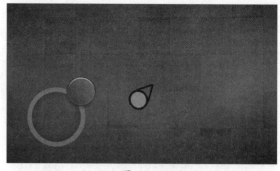

图 13-2

13.3 游戏摇杆模块的实现

13.3.1 创建工程

双击打开 Cocos Creator，切换到【新建项目】选项卡，选择【空白项目】，选择相应的项目路径和项目名称（路径的最后一部分就是项目文件夹名称），最后单击【新建项目】按钮，如图 13-3 所示。

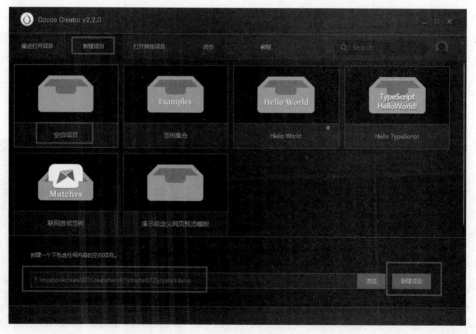

图 13-3

13.3.2 目录规划

将目录结构规划为 script、images、scene 等。

13.3.3　资源导入

本游戏演示游戏摇杆的最小集功能，所以资源比较简单，只需要 4 张简单的图片，包括背景图片、摇杆背景、摇杆图片、被操作的对象图片 player.png 等。

游戏摇杆的背景和摇杆图片如图 13-4 所示。

图 13-4

最后，使用制作好的游戏摇杆来进行控制测试，这里使用简单的箭头图片进行代替，如图 13-5 所示，正常开发游戏时，可以使用漂亮的资源来代替。

图 13-5

导入相关资源的目录结构，如图 13-6 所示。

图 13-6

13.3.4　搭建场景

本游戏采用的设计分辨率为 1280×720，并保存场景为 joystick 到 scene 目录中。

1. 创建 safe_node 容器节点

以创建 safe_node 节点大小等于设计分辨率。

单击选中 Canvas 节点，创建一个空节点，修改节点名称为 safe_node，修改大小

307

为 1280×720。将缩放脚本 scale_safe_node.js 复制到 script 目录中并挂接到 safe_node 节点上即可完成屏幕的适配，如图 13-7 所示。核心函数是 setNodeScaleFixWin，原理前面章节已经介绍过，这里不再赘述。

图 13-7

safe_node 节点创建好之后，后续会通过代码的方式进行多分辨率的适配。本游戏的所有渲染节点都将作为 safe_node 节点的子节点。

2. 添加背景图

为了美化游戏，使游戏不太单调，可以增加一张游戏的背景图片。在 safe_node 节点下面增加一个精灵子节点 spr_bg，指向 bg 图片。

3. 制作游戏摇杆

在 safe_node 下再添加一个空节点，命名为 joystick。并改变坐标位置到屏幕的左下角，Position 大概为（-450，-200），读者可以根据自己的实际情况进行修改。

在 joystick 节点下创建两个精灵节点，命名为 spr_stick_bg 和 spr_stick，分别指向 stick_bg 和 thumbstick 图片，其余的参数可以采用默认。

基本结构如图 13-8 所示。

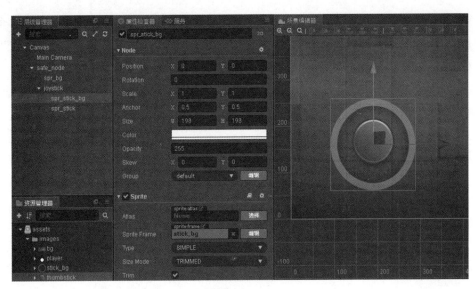

图 13-8

4. 添加测试玩家精灵

在 safe_node 节点下面增加一个精灵子节点 player，指向 player 图片。player 在层级管理器中要位于 stick 摇杆节点的上方，渲染的时候摇杆就覆盖在了角色 player 的上方，如图 13-9 所示。

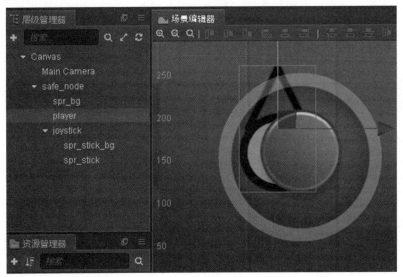

图 13-9

5. 游戏摇杆核心逻辑

场景搭建好之后，就可以编写逻辑代码来驱动游戏流程的运行。首先实现有效摇杆的逻辑，这个也是本章的核心所在。

在 script 目录上右击，创建一个 JavaScript 脚本，命名为 joystick，并挂接到 joystick 节点上。

可以知道用户使用摇杆时，有触摸开始、触摸移动、触摸结束、触摸取消 4 个状态。因而引出代码的 4 个监听事件 TOUCH_START、TOUCH_MOVE、TOUCH_END、TOUCH_CANCEL。

TOUCH_START 和 TOUCH_MOVE 让用户点到哪里摇杆就指向哪里，在 TOUCH_END、TOUCH_CANCEL 的时候 stick 归位。

```
// 属性机制
properties: {
    angle: 0,              // 当前摇杆相对于屏幕正上方的角度
    dir: cc.v2(0, 0),      // 当前摇杆的位置归一化值
    isMove: false,         // 标记玩家是否开始移动摇杆
    spr_stick: cc.Node,    // 摇杆图片节点
    _MAX_DISTANCE: 120,    // 中央摇杆图片的最大运动半径
},
```

angle、dir、isMove 三个参数是为外部模块使用的导出属性值，其他模块可以访问这三个值并进行相应的处理。

spr_stick 变量指向摇杆的图片，绑定摇杆图片到这个变量即可。

_MAX_DISTANCE 表示中央摇杆图片的最大运动半径，摇杆图片不可以无限地超出摇杆背景图片设定的范围，所以根据摇杆背景和摇杆图片的大小，设置最大运动半径大概为 120 像素，读者可以根据实际图片大小进行微调。

根据等边三角形对应边长成比例的几何数学原理，_MAX_DISTANCE / length = y1 / y = x1 /x，如图 13-10 所示，可以求出：

x1 = x * _MAX_DISTANCE / length；

y1 = y * _MAX_DISTANCE / length。

(x, y) 表示玩家手指超出最大约束半径的实际坐标。

(x1, y1) 表示被约束之后摇杆图片的坐标位置。

摇杆的核心代码如下。

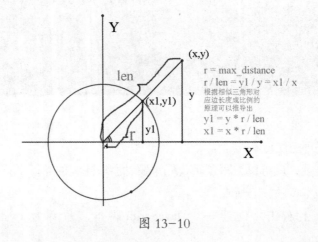

图 13-10

```
onLoad() {
this._MAX_DISTANCE = 100;
this.spr_stick.setPosition(cc.v2(0, 0));
this.isMove = false;
this.dir = cc.v2(0, 0);

// 触摸移动
this.spr_stick.on(cc.Node.EventType.TOUCH_MOVE, function (touch) {
this.isMove = true;

let w_pos = touch.getLocation();          // 得到世界坐标系，左下角为 (0,0)
let pos = this.node.convertToNodeSpaceAR(w_pos);
// 世界坐标系转为节点的局部坐标转换
let length = pos.mag();        // 返回该向量的长度

// 暴露给外部的接口变量
// 归一化处理或者使用 pos.normalizeSelf() 也可
// dir.x 和 dir.y 的取值范围都是 [-1,1]，两者的关系是 x^2+y^2=1，即平方和为 1
this.dir.x = pos.x / length;
this.dir.y = pos.y / length;

 if (length >= this._MAX_DISTANCE) {
// 数学知识：相似三角形对应边成比例
_MAX_DISTANCE / length = x_new /x = y_new /y
     pos.x = pos.x * this._MAX_DISTANCE / length;
     pos.y = pos.y * this._MAX_DISTANCE / length;
     }
   this.spr_stick.setPosition(pos);

let radian = Math.atan2(pos.y, pos.x); // 使用反正切函数得到弧度值：-π 到 π
this.angle = radian * 180 / Math.PI; // 将弧度转为角度的数值公式，-180 到 180

   // creator 角度是逆时针为正且正上方为 0° ，而摇杆图片的正上方为 90°
        // 二者有固定的线性关系，所以将摇杆角度作相应的处理
        this.angle = this.angle - 90;
     }, this);

     // 触摸弹起
     // 内部 end
     this.spr_stick.on(cc.Node.EventType.TOUCH_END, function (e) {
        this.spr_stick.setPosition(cc.v2(0, 0));
```

```
                this.isMove = false;
                this.dir = cc.v2(0, 0);
            }, this);

            // 外部 end
            this.spr_stick.on(cc.Node.EventType.TOUCH_CANCEL, function (e) {
                this.spr_stick.setPosition(cc.v2(0, 0));
                this.isMove = false;
                this.dir = cc.v2(0, 0);
            }, this);
        },
```

具体的坐标转换读者可以参考注释和案例代码。

6. 摇杆控制角色移动与旋转

摇杆核心模块制作好之后，就可以进行控制角色的移动和旋转等操作了，下面验证一下摇杆模块。

在 script 目录中创建一个 player 的 JavaScript 脚本文件，并将其挂接到 player 节点上。脚本代码如下所示：

```
cc.Class({
extends: cc.Component,

    properties: {
        stick: require("joystick"), // 游戏摇杆组件
        _speed: 200,                 // 移动速度，每秒移动 200 像素
    },

    update(dt) {
        if (!this.stick.isMove) {
            return;
        }
        let vx = this.stick.dir.x * this._speed;
        let vy = this.stick.dir.y * this._speed;
        // 移动
        this.node.x += vx * dt;
        this.node.y += vy * dt;
        this.node.angle = this.stick.angle;
    },
});
```

代码中定义了一个 stick 变量，用于指向 joystick 脚本，并将【层级管理器】中的 stick 节点拖到 player 属性管理器的指定位置。通过 stick 变量，就可以获得旋转的角度 angle、经过归一化处理的 dir 变量，如图 13-11 所示。

图 13-11

查看运行效果，如图 13-12 所示。

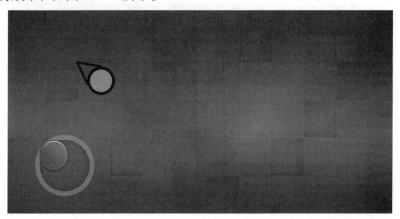

图 13-12

13.4　本章小结

本章介绍了游戏摇杆的实现过程，并介绍了数学知识在游戏中的运用以及摇杆的核心代码。通常情况下，左手控制方向，右手控制输出，虚拟摇杆是 ARPG、 MOBA、ACT 等快节奏战斗游戏中标配的操作方案，简单地总结一下制作游戏摇杆的步骤：

（1）分析触摸事件种类；

（2）绑定 stick 节点；

（3）限制 stick 活动范围；

（4）设置变量存储方向和角度；

（5）将精灵与按钮方向相关联。

读者朋友认真学习，实践本章的内容，相信会有非常大的进步。

第 14 章　幸运转盘抽奖游戏

本章将通过一个幸运转盘游戏实例进一步介绍 Cocos Creator 在游戏开发中的应用。

14.1　幸运转盘抽奖游戏的特点

移动互联网时代有些商家为了吸引用户，增加用户的留存等目的，会设置一些抽奖活动，其中幸运转盘抽奖是使用最为普遍的方式之一。通过本章的学习，大家可以掌握引擎的相关技术和流程处理。

该游戏具有如下特点。

（1）场景搭建。幸运转盘游戏场景的搭建。

（2）多分辨率适配。如何适应多种手机分辨率有多种方案，如 Canvas 配合 Widget 等方案。

（3）精灵（Sprite）。精灵的各种模式如何使用。

（4）动作（Action）。使用动作（Action）系统实现游戏元素的运动、游戏流程的控制。

14.2　幸运转盘抽奖游戏的简介

本游戏的背景中使用了龙骨动画，使背景颜色更加绚丽多彩。

14.2.1　幸运转盘抽奖游戏规则

游戏开始之前告诉玩家幸运转盘 10 个位置中的中奖倍数，然后转盘开始旋转不确定的圈数，再慢慢地停止，正上方两个箭头所指定的位置就是玩家的最终中奖位置，此位置上所指定的倍数就是玩家获得对应的奖励，玩法非常简单，旋转一次之后可以重新玩一次。

14.2.2　幸运转盘抽奖游戏框架和界面

本游戏界面和流程比较简单，包括背景图片、龙骨背景动画、转盘边框、10 个转盘中奖数值、中奖高光提示图片、箭头图片、开始图片"Go"、结算框等。

主游戏界面是游戏的主要功能界面，包括了游戏的主逻辑 (开始按钮 Go、转盘旋转动画、中奖后的高光等表现)，如图 14-1 所示。

图 14-1

玩家单击开始旋转按钮 Go 之后，转盘会开始旋转，告诉玩家中奖结果后，会弹出一个结算框，如图 14-2 所示。

图 14-2

14.3 幸运转盘抽奖游戏模块的实现

14.3.1 创建工程

双击打开 Cocos Creator，切换到【新建项目】选项卡，选择【空白项目】，选择相应的项目路径和项目名称（路径的最后一部分就是项目文件夹名称），将工程命名为 luck_wheel_demo，最后单击【新建项目】按钮。

14.3.2 目录规划

将目录结构规划为 script、images、anim、scene、font 等目录。

14.3.3 资源导入

本游戏准备了散图png、合图png、龙骨动画、fnt字体等图片资源,下面分别进行介绍。散图资源是给结算框使用的,如图 14-3 所示。

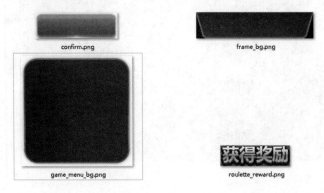

图 14-3

合图资源是转盘游戏的主要资源,包括背景图、转盘、开始按钮、中奖高光、渲染高光等,如图 14-4 所示。

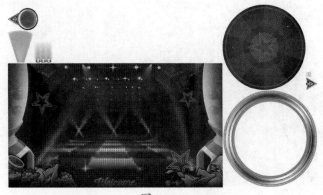

图 14-4

字体包括两种:转盘字体 roulette_shuzi.fnt,如图 14-5 所示。

图 14-5

结算框字体 roulette_num.fnt,如图 14-6 所示。

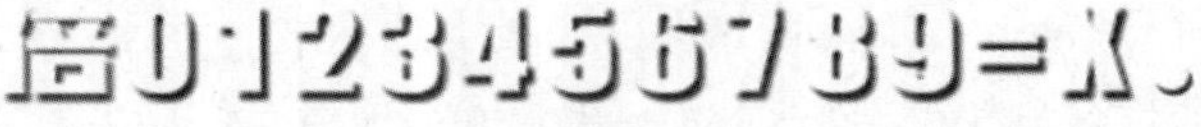

图 14-6

动画资源是美工提供的龙骨动画,如图 14-7 所示。

图 14-7

将散图、合图等图片资源复制或拖动到 images 目录中，将艺术字体文件复制或拖动到 font 目录中（fnt 和 png 文件最好在同一个目录中）。将骨骼动画文件复制或拖动到 anim 目录中（两个 json 和 png 文件最好在同一个目录中）。导入相关资源的目录结构如图 14-8 所示。

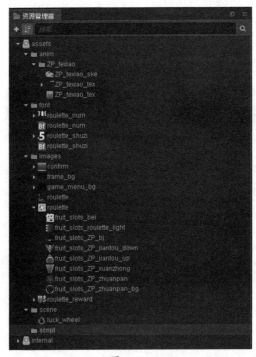

图 14-8

14.3.4　搭建场景

本游戏采用的设计分辨率为 1280×720，所以场景中的 Canvas 根节点设置为 1280×720。

保存场景到 scene 目录，并命名为 luck_wheel。

1. 创建 safe_node 容器节点

采用整体拉伸的方式来适应众多的手机屏幕，所以创建 safe_node 节点大小等于设计分辨率。

单击 Canvas 节点，创建空节点，修改节点名称为 safe_node，修改大小为 1280×720。

safe_node 节点创建好之后，后续会通过代码的方式进行多分辨率的适配。本游戏

317

所有的渲染节点都将作为 safe_node 节点的子节点。

2. 添加背景图片和背景动画

通常的 2D 游戏中，需要背景图片和背景动画，背景图片通常采用和设计分辨率大小相同的图片，背景动画根据产品部门的需要进行定制。本游戏准备了背景图片、转盘边框背景，包括两个龙骨动画的动画文件。所以在【层级管理器】中 safe_node 节点上先创建两个 Sprite，命名为 spr_bg 和 spr_turn_underpan。

spr_bg：SpriteFrame 引用 ZP_bj 图片；

spr_turn_underpan：SpriteFrame 引用 ZP_zhuanpan_bg 图片，Postion 为（0,-26）。

选中 ZP_texiao_ske 动画文件，直接拖到【层级管理器】中两次，从上到下分别命名为 dragon_effect_zhongdajiang 和 dragon_effect_go，这样就创建了龙骨动画，然后在【属性检查器】中进行简单的配置。

拖动 ZP_texiao_tex.json 资源到 Dragon Atlas Asset 区域，完成赋值。dragon_effect_zhongdajiang 中的 Animation 选择 ZP_zhongjiang，dragon_effect_go 中的 Animation 选择 ZP_daiji_GO。如 dragon_effect_bottom 的相关参数设置如图 14-9 所示。

图 14-9

尝试运行后效果如图 14-10 所示。

图 14-10

3. 添加转盘倍数节点

创建一个 spr_turn 精灵 Sprite 节点，引用 ZP_zhuanpan 图片，调整坐标为（0,-26），且需要调整渲染顺序。在【层级管理器】中将其调整到 dragon_effect_zhongdajiang 节点的上方，否则将把两个龙骨动画的某些特效动画遮挡住。

在 spr_turn 下面创建 Label 节点，命名为 lbl_rate_num0，坐标改为 (0,183)，字体引用 roulette_shuzi 字体，字体内容 String 修改为 X5。

在 lbl_rate_num0 节点下再创建一个 精灵 Sprite 节点，命名为 spr_bei，坐标改为（0,-30），并引用 bei.png 图片。

因为本转盘共设了 10 个奖项，所以还需要再次创建 9 个奖项节点。在【层级管理器】中选中 lbl_rate_num0 节点，进行复制粘贴，复制出 9 个节点。下面修改这 9 个节点的参数，依次修改节点的名称为 lbl_rate_num1~lbl_rate_num9。

详细参数如下。

（1）lbl_rate_num1，设置 Postion 坐标为（108,147），Rotation 角度为 -36°，Label 内容修改为 X500。

（2）lbl_rate_num2。设置 Postion 坐标为（170,58），Rotation 角度为 -72°，Label 内容修改为 X300。

（3）lbl_rate_num3。设置 Postion 坐标为（175,-59），Rotation 角度为 -108°，Label 内容修改为 X200。

（4）lbl_rate_num4。设置 Postion 坐标为（106,-153），Rotation 角度为 -144°，Label 内容修改为 X150。

（5）lbl_rate_num5。设置 Postion 坐标为（-1,-182），Rotation 角度为 -180°，Label 内容修改为 X100。

（6）lbl_rate_num6。设置 Postion 坐标为（-109,-147），Rotation 角度为 -216°，

Label 内容修改为 X70。

（7）lbl_rate_num7。设置 Postion 坐标为（–178,–58），Rotation 角度为 –252°，Label 内容修改为 X40。

（8）lbl_rate_num8。设置 Postion 坐标为（–176,60），Rotation 角度为 –288°，Label 内容修改为 X20。

（9）lbl_rate_num9。设置 Postion 坐标为（–109,156），Rotation 角度为 –324°，Label 内容修改为 X10。

坐标数值方面读者可以用鼠标拖动到指定位置，用鼠标调整角度，不一定非要和上面的参数一致。

再次运行后的效果如图 14-11 所示。

图 14-11

4. 添加开始游戏按钮

在 safe_node 节点下创建一个 button 节点，并命名为 btn_start_go，删除所有的子节点。添加 Sprite 组件，Sprite 中的 SpriteFrame 指向 ZP_jiantou_up 图片。将 Button 组件的 Transition 改为 Scale 方式，Target 改为指向自己，即把 btn_start_go 拖到 Target 位置即可，效果如图 14-12 所示。

图 14-12

在【层级管理器】中将刚创建的 btn_start_go 节点放在 dragon_effect_go 节点的上方，避免遮挡住背景动画中的"Go"字。

具体参数如图 14-13 所示。

图 14-13

5. 添加中奖提示节点

中奖提示包括两张图片 ZP_jiantou_down 和 ZP_xuanzhong。下面添加这两张图片。

在 safe_node 节点下创建两个精灵 Sprite 节点，分别命名为 spr_select 和 spr_pin_down。

（1）spr_select：SpriteFrame 参数指向 ZP_xuanzhong 图片，位置 Position（0,129）；

（2）spr_pin_down：SpriteFrame 参数指向 ZP_jiantou_down 图片，位置 Position（0,219）。

调整层级关系如图 14-14 所示。

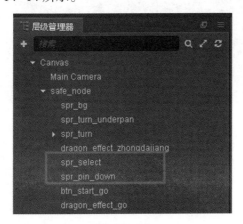

图 14-14

至此，已经创建好了游戏场景的主要模块，运行之后，效果如图 14-15 所示。

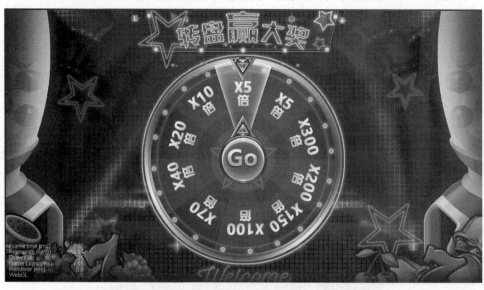

图 14-15

6. 游戏结算框

游戏结算框是在转盘旋转之后总结玩家本局的输赢情况的。通常用一个弹框在屏幕中央显示，如图 14-16 所示。

图 14-16

结算框节点树结构如图 14-17 所示。

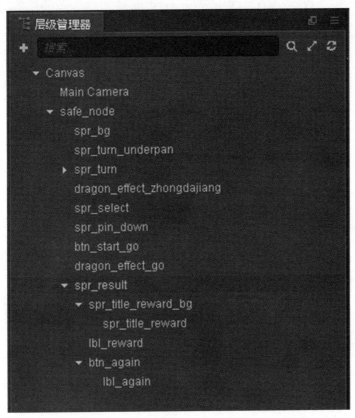

图 14-17

相关参数设置如下。

（1）spr_result。Size 为（600,450），SpriteFrame 使用 game_menu_bg 图片，并修改图片模式为 SLICED 九宫格模式，九宫格中距离编译配置为 23 左右。

（2）spr_title_reward_bg。坐标 Position (0,187)，SpriteFrame 使用 frame_bg 图片。

（3）spr_title_reward。SpriteFrame 使用 roulette_reward 图片。

（4）lbl_reward。Label 组件的 String 改为"100 倍"，Font Size 为 50，字体使用 roulette_num 字体，Overflow 选择 Shrink（这样就可以自己指定大小了），节点的 Size 大小为 (550,120)。

（5）btn_again。添加 Sprite，Sprite Frame 指向 confirm 图片，Size 大小（240,80）。

（6）lbl_again。Label 组件，修改 String 为"再来一次"，Font Size 为 40。

7. 游戏逻辑

场景搭建好之后，就可以编写逻辑代码来驱动游戏流程的运行。

在 script 目录上右击，创建一个 JavaScript 脚本，命名为 luck_wheel_logic，并挂接到 Canvas 节点上。

本小节讲解一些关键的代码，完整的代码大家可以参考本书提供的源码工程案例。

首先定义一些关键的变量，变量的命名规则最好使用下划线开头，这样就定义了私有变量，防止被外部修改。

```
// 转盘游戏
cc.Class({
    extends: cc.Component,
    properties: {
        _safe_node: cc.Node,              // 小游戏 Node 节点
        _spr_turn: cc.Node,               // 旋转的转盘
        _btn_start_go: cc.Node,           // 开始游戏 Button
        _spr_select: cc.Node,             // 上面透明的图片，中奖的时候闪几下
        _spr_result: cc.Node,             // 结算界面
        _btn_again: cc.Node,              // 确定
        _lbl_reward: cc.Node,             // 结算框中奖数值

        _resultIndex: 0,                  // 奖金池索引
        _rate: 1,                         // 中奖的倍率
        _arrayRateData: [],               // 倍率列表
    },

    onLoad() {
        this.initPrivateVar();
    },
```

定义了变量之后，在 onLoad 生命周期函数中通过 cc.find 依次将其初始化。

```
// 初始化私有变量
initPrivateVar: function () {
    this._safe_node = cc.find("safe_node", this.node);
    this.setNodeScaleFixWin(this._safe_node);

    this._spr_turn = cc.find("spr_turn", this._safe_node);

    // 开始旋转按钮
    this._btn_start_go = cc.find("btn_start_go", this._safe_node);
    this._btn_start_go.on("click", this.onClickStartGo, this);

    this._spr_select = cc.find("spr_select", this._safe_node);
    this._spr_result = cc.find("spr_result", this._safe_node);
    this._btn_again = cc.find("btn_again", this._spr_result);
    this._btn_again.on("click", this.onClickRestart, this);

    this._lbl_reward = cc.find("lbl_reward", this._spr_result);
```

324

```
    },

// 玩家单击 Go 开始游戏按钮逻辑
    onClickStartGo: function (event, customData) {
       this._btn_start_go.getComponent(cc.Button).interactable = false;
// 防止再次被单击

            this._resultIndex=this.myRandom(0, 9); // 随机产生 0~9 的中奖数字
            this._rate = this._arrayRateData[this._resultIndex];
            this.doTurnAction();
    },

        // 缩放
        setNodeScaleFixWin(node) {
            node.scaleX = cc.winSize.width / node.width;
            node.scaleY = cc.winSize.height / node.height;
        },

        // 产生 [min,max] 之间的正整数
        myRandom (min,max) {
            return Math.floor(Math.random()*(max-min+1)+min);
        },
```

本游戏通过函数 this.setNodeScaleFixWin(this._safe_node) 来整体缩放 safe_node 节点，所以将所有的渲染节点作为 safe_node 的子节点，就可以达到整体缩放的效果了。

得到了游戏中使用的相关节点引用之后，就可以开始主游戏的编程了。修改 onLoad 函数，增加一个 startGame 函数。

```
cc.Class({
    // 其余代码省略

  onLoad() {
   this.initPrivateVar();
    this.startGame();
    },

  startGame() {
   this._arrayRateData = [5, 500, 300, 200, 150, 100, 70, 40, 20, 10];

      this._safe_node.active = true;
```

```
        this._spr_result.active = false;
        this._btn_start_go.getComponent(cc.Button).interactable = true;
// 防止再次被单击
    },
}
```

startGame 函数初始化一些数据，如每个位置的初始倍数。

当用户单击了 Go 开始按钮之后，运行 onClickStartGo 函数，并启动 doTurnAction 函数，开始转盘的旋转动画。

```
    // 开始旋转指定的圈数
    doTurnAction: function () {
        let seqLuckArray = [];
        let turnCircle = this.myRandom(8, 12);    // 先随机转动"整圈"的次数
        let angle = 360 * turnCircle + (360 - this._resultIndex * 36);

        let rotateAction = cc.rotateTo(6, angle).easing(cc.easeInOut(2.5));
        seqLuckArray.push(rotateAction);

        let endCall = cc.callFunc(function () {
                this.runEffect1();
        }, this);

        seqLuckArray.push(endCall);

        let seq = cc.sequence(seqLuckArray);
        this._spr_turn.runAction(seq);
    },

    // 中奖提示图片闪动
    runEffect1: function () {
        let seqLuckArray = [];

        // _spr_select 图片闪动
        for (let i = 0; i < 5; i++) {
                let delay0 = cc.delayTime(0.2);
                let delay1 = cc.delayTime(0.2);

                let seq = cc.sequence(cc.fadeIn(0.2), delay0,
cc.fadeOut(0.2), delay1);
```

```
            seqLuckArray.push(seq);
    }

    let endCall = cc.callFunc(function () {
            this.showResult();
    }, this);
    seqLuckArray.push(endCall);

    let seq = cc.sequence(seqLuckArray);
    this._spr_select.runAction(seq);
},
```

以上逻辑处理了转盘的旋转，并根据 this._resultIndex 控制了最终的旋转角度。注意旋转的角度必须是 36 的整数倍。中奖之后开始显示中奖的动画，中奖提示图片闪动几次之后，就开始显示结算框。

```
// 结算框
showResult: function () {
    this._spr_result.active = true;
    this._lbl_reward.getComponent(cc.Label).string = this._rate + "倍";
},
// 再来一次
onClickRestart: function () {
    this.resetGame();
    this.startGame();
},
// 清理
resetGame() {
    this._spr_turn.angle = 0;          // 归位操作
    this._spr_turn.stopAllActions();

    this._safe_node.active = false;
    this._btn_start_go.getComponent(cc.Button).interactable = true;
    this._spr_result.active = false;

    this._spr_select.stopAllActions();

    this._resultIndex = 0;
    this._rate = 0;
    this._lbl_reward.getComponent(cc.Label).string = "0.00";
},
```

运行游戏测试一下幸运转盘的效果，如图 14-18 所示。

图 14-18

游戏结算框效果如图 14-19 所示。

图 14-19

14.4 本章小结

本章介绍了一款简单的幸运转盘游戏的实现过程。通过本章，读者学习了采用 Cocos Creator 基本知识实现游戏功能的方法，可以自己实现相关的功能并进一步修改。